山东耕地质量评价与应用丛书

龙口耕地

张建青　史桂萍　主编

山东大学出版社

图书在版编目(CIP)数据

龙口耕地/张建青,史桂萍主编.—济南:山东大学出版社,2015.3

ISBN 978-7-5607-5259-4

Ⅰ.①龙… Ⅱ.①张… ②史… Ⅲ.①耕作土壤—土壤肥力—土壤调查—龙口市②耕作土壤—土壤评价—龙口市 Ⅳ.①S159.252.4②S158

中国版本图书馆 CIP 数据核字(2015)第 067602 号

责任策划:赵 岩
责任编辑:李 港
封面设计:张 荔

出版发行:山东大学出版社
社 址 山东省济南市山大南路 20 号
邮 编 250100
电 话 市场部(0531)88364466
经 销:山东省新华书店
印 刷:山东鸿君杰文化发展有限公司
规 格:787 毫米×1092 毫米 1/16
9.5 印张 12 插页 235 千字
版 次:2015 年 3 月第 1 版
印 次:2015 年 3 月第 1 次印刷
定 价:42.00 元

《龙口耕地》编委会

序 言

耕地是农业生产的基础，是人们赖以生存的重要基本资源，是民生之本、发展之基，关系到社会的稳定和经济的持续、稳定发展。合理利用和切实保护好耕地，是我国必须长期坚持的一项基本国策。新中国成立以来，历届龙口市委、市政府都十分重视耕地的保护、利用和改良工作。1959 年和 1980 年在龙口市范围内先后开展了两次土壤普查工作，1983 年又进行了补充调查工作，摸清了龙口市的各种土壤类型、面积、分布，并进行了质量评价，对当时及以后一段时间耕地资源的合理利用、施肥制度改革发挥了重要作用，也为提高农产品产量和农民增收作出了积极贡献。

近年来，龙口市经济及社会事业迅猛发展，农业生产条件优越，农业生产水平有了很大提高，农业结构调整成效显著，农业产业化战略顺利实施，先后获得了山东省“生态农业示范县”“农民增收先进市”和“农业产业化工作先进市”等荣誉称号。除小麦、玉米，龙口草莓、大姜、长把梨、苹果等农产品也久负盛名。随着生活水平的不断提高，市民对农产品质量的要求也不断提高。农业生产者对提高农产品的产量和质量、农业经济效益越来越重视，对耕地的要求也越来越高。由于人口、资源、环境等发展要素所带来的压力，以及改革开放以来农业和农村经营体制、耕作制度、种植制度的变化，加之化肥、农药等农业投入品的使用等，使龙口市的耕地质量发生了很大变化，过去掌握的耕地资料已经不能满足农业生产的需要。面对新形势下农业生产对耕地质量的要求，为准确掌握耕地质量资源状况、提高科学开发利用水平，龙口市作为农业部、财政部启动的全国测土配方施肥 2008 年项目县(市)之一，在实施测土配方施肥的同时，开展了龙口市耕地和果园地力调查与评价工作。按照农业部的技术规范，龙口市农业局在山东省、烟台市农业部门的支持和帮助下，组织龙口市农业科技人员深入到农村第一线，历时四年多时间，完成了龙口市耕地和果园土样采集、施肥及生产调查、科学化验分析等地力调查以及质量评价工作，掌握了相关水利资源和气候特点，并精心汇总整理了资料。

《龙口耕地》一书凝结着所有参加地力评价和编写的人员的汗水和智慧，

是龙口农业的一项丰硕成果。该书理论与实践相结合，内容丰富，针对性强，通俗易懂，综合评价了龙口市耕地和果园可持续利用的状况，并对科学施肥、土壤改良和耕地保护提出了合理性建议，希望龙口市广大农业科技工作者、农村基层干部、农业科技示范户以及农民群众认真阅读、借鉴和应用。同时，也希望龙口市农业局及该书的编著者根据读者提出的意见和要求，不断对该书内容进行补充、更新和完善，使其更加具有针对性和指导性，为促进龙口市农民增收、农业发展和推动"实力龙口，幸福龙口，生态龙口"建设作出更大的贡献。

龙口市人民政府副市长

2014 年 3 月

前　言

土地是农业生产的基础，既是人类赖以生存和发展的最基本的物质基础，又是农业生产获取粮食及其他农产品最基本的生产资料。耕地是土地的精华。耕地资源对农业生产的发展、对人们物质生活水平的提高，乃至对整个国民经济的发展都有着巨大的影响和不可替代性。随着现代化进程的加快，耕地及其合理利用和管理与人口、环境、农产品质量安全已成为人们密切关注的重要问题。因此，开展耕地地力调查与质量评价工作，对了解耕地资源质量状况和变化，加快测土配方施肥技术的推广应用，提高农产品的产量和质量，防治土壤面源污染，优化农业生产环境，促进农业结构调整以及因地制宜地进行农、林、牧合理布局，维护生态平衡，都具有举足轻重的作用。

2008～2011 年，龙口市农业局根据农业部《全国耕地地力调查与质量评价总体工作方案和技术规程》要求，在 1980 年土壤普查的基础上，结合实施的国家测土配方施肥项目及本地实际，对龙口市的耕地和果园进行了地力调查与质量评价。按照《全国土地利用现状调查技术规程》中的土地利用现状分类系统，耕地包括粮油和蔬菜的水浇地、旱地，而果园属于园地范围。考虑到果品生产是龙口市的一大产业，并且龙口市目前的园地全部为果园，为了资料的完整性，在对耕地进行评价的同时也对果园也进行了评价，所以本书包含了耕地和果园。在采集的 5147 个土壤样品中，筛选出有代表性的 1750 个样点用于地力评价。检测项目包括土壤有机质、全氮、碱解氮、有效磷、速效钾、缓效钾、交换性钙、交换性镁、有效硫、有效锌、有效铜、有效钼、有效硅、有效铁、有效硼、有效锰、土壤 pH 和土壤容重共 18 个项目，化验了 17463 项次。调查采用了现代信息技术，基本查清了龙口市耕地和果园基础生产能力、土壤理化状况、土壤障碍因素，并根据耕地和果园综合性状进行了地力分级，分析研究了部分耕地和果园存在问题的趋势和原因，为制定粮食发展规划、农业结构调整、耕地的质量保护和建设及改良利用、科学施肥以及节水和生态农业等提供了科学依据。这项工作的顺利开展，必将为龙口市耕地和果园资源的合理利用、土壤改良和地力提升工作发挥重要的作用。

耕地地力调查与质量评价工作形成了一些宝贵的技术资料，建立了龙口市耕地地力基础属性信息数据库、基础空间数据库；整理编绘了 24 种 1∶50000 比例尺的基础及成果图件，包括耕地地力调查点位图、土壤图、灌溉分区图、地貌图、坡度图、土地利用现状图、土壤 pH 分布图和有机质、全氮、碱解氮、有效磷、速效钾、缓效钾、有效硫、交换性钙、交换性镁、有效铁、有效铜、有效锰、有效硼、有效锌、有效钼、有效硅等含量分布图，以及龙口市耕地地力评价等级图（含果园），建立了龙口市耕地和果园资源管理信息系统和测土配方施肥专家咨询系统。

本次地力调查与质量评价和第二次全国土壤普查相比，农业生产环境已发生了重大变化，又首次采用"GPS"定位、"RS"遥感、"GIS"地理信息技术和模糊数学评价方法，技术难度大，工作量大，涉及范围广，时间紧，任务重，要求严。所以，龙口市政府成立了以分管农业副市长为组长的领导小组，负责组织协调、宣传发动、物资供应等工作；市农业局成立了以分管副局长为组长的技术小组，负责技术方案的制定和实施，进行野外调查、土样采集、化验分析、数理统计、图件绘制、资料汇总录入和报告编制等工作；山东农业大学资源与环境学院和山东天地亚太国土遥感有限公司承担了数字化图件的制作；龙口市国土资源局、水利局、统计局、气象局、民政局、农机局等提供了相关资料和数据。此外，还得到了省市业务上级和有关单位的大力支持和热情帮助，以及山东省土肥总站李涛研究员、烟台市农技推广中心李早东研究员和烟台市土肥站王洪章研究员、张培苹高级农艺师、孙强生农艺师、杨志峰农艺师等专家的悉心指导。在此，对所有提供支持和帮助的单位、领导和同志一并表示衷心的感谢！

本书客观系统地阐述了龙口市耕地和果园的资源类型、利用现状、理化性状、障碍因素和地力分级等，旨在为龙口市农业科技人员和农村基层干部掌握龙口市耕地和果园地力状况，为指导农民科学合理地利用耕地资源，为有效改良、保护、提高耕地和果园质量，为发展高产、优质、高效农业生产提供帮助。由于耕地地力调查与评价工作涉及多个专业领域，加之水平所限，书中难免有不当之处，敬请读者批评指正。

编　者

2014 年 3 月

目　录

第一篇　耕地地力调查与评价

第二篇 耕地地力与质量分析

第三篇 耕地改良与利用

第一篇　耕地地力调查与评价

第一章　自然与农业生产情况

第一节　自然条件

一、地理位置与行政区划

龙口市位于山东半岛西北部，北纬 37°27′30″～37°47′24″，东经 120°13′14″～120°44′46″。南北长 32.2km，东西长 44.2km，土地总面积为 889.15km^2，海岸线长 68.4km。东邻蓬莱，南接栖霞和招远，北部和西部濒临渤海。

龙口在夏代前为隅夷地，属青州，商代属营州，商末建莱国，周代属莱子国，秦设齐郡，始置黄县，是中国最早的县治单位之一。1986 年 9 月，经国务院批准，撤销黄县设立龙口市，现辖 15 个镇级区域，共有 611 个行政村，总人口为 63 万，其中农业人口为 268564 人，占总人口的 42.34％，耕地面积为 17589.09hm^2，果园面积为 29082.56hm^2。2010 年，龙口市地区生产总值为 680 亿元，人均达到 10.7 万元。境内财政总收入为 137 亿元，其中地方财政收入为 36.7 亿元。社会消费品零售总额达 177 亿元，农业生产稳步提高。各项强农惠农政策全面落实，市财政支持“三农”资金近五年累计达 34 亿元。粮食生产连年丰收，农业标准化、产业化、国际化步伐明显加快。

龙口市先后荣获全国科技进步先进县、国家级绿色农业示范区、全国创建无公害农产品（水果）生产示范基地县、中国绿色旅游城市、全国绿色小康县等称号。

1996 年，龙口市被列为全国旱作节水农业重点示范市，进行了农田水利基础设施和节水灌溉工程。目前，龙口市有各类水库、塘坝 383 座，全部蓄水工程总蓄水能力为 2.23$\times 10^8 m^3$，总兴利库容为 1.23$\times 10^8 m^3$。地下水提水总动力为 1.19$\times 10^5$kW，有效保证了农业生产灌溉用水。龙口市农业局还承担了山东省“三〇”工程项目。1998 年，承担了“九五”国家科技攻关计划持续高效农业技术研究与示范项目。2002 年，龙口市农业技术推广中心与山东农业大学、山东龙丰集团合作承担了国家科技部无公害优质小麦关键技术集成与产业化示范项目，均圆满完成了项目要求的各项指标并通过验收，得到了专家的高度评价。成功地筛选并推广了优质小麦新品种济麦 20、济麦 22，推广面积占全市小麦种植面积的 30%。另外，还成功地推广了优质玉米新品种郑单 958、农大 108、金海 5 号等，均取得了满意的效果。从 2008 年开始承担国家测土配方施肥补贴项目至今，已取得一定成效。

1997 年，小麦新品种 8017-2 亩产创全国北方冬麦区第一，实打亩产量达 731.73kg。2011 年，小麦品种烟 5158 实打亩产量达 768kg。另外，随着产业结构的调整，龙口市粮田面积有所减少，而果树和蔬菜面积有所增加。果树以苹果、葡萄和梨为主，另外还有一定面积的樱桃和草莓，其中草莓不论产量还是品质，均居山东省第一位。黄县长把梨自清朝康熙年间在东江镇崔家村开始栽培，距今已有约 300 年的历史。它以皮薄渣白、汁多甜脆、耐储存、储存后品质变优而著称于世，在国内出口大梨中占有重要的位置。蔬菜中，大姜种植面积相对较大，且效益较高。龙口海岸线较长，水产养殖业发达，桑岛海参、龙口对虾等海产品更是胶东海洋名产，这些都给农民带来了实实在在的收益。

二、地形、地貌

地形是重要的成土因素，涉及土壤母质、光、水、热条件的重新分配。龙口市地处胶东低山丘陵北部，地势东南高、西北低，呈台阶式下降，东南部多低山丘陵，西北部为滨海平原，市域状若枫叶。最高海拔为 759m。由于地形部位的差异，土层厚度及水热状况均呈垂直分布。在山丘中上部降雨后易形成径流，母质受到冲刷，至坡麓及沟谷地带开始沉积。因此，山丘中上部土层薄，质地粗，淋溶强，养分易流失，土壤发育度低；至山丘中下部土层逐渐加厚，土壤水热条件也随之改善；平原区水流变缓，沉积物质变细，土层厚，质地好，潜水能够直接补给土体，在母质的再分配过程中，由于各次洪水所携带的物质的粗细不同，沉积后形成了不同的质地层次，使发育在洪冲积母质上的土壤形成了不同的土体构造，对植物生长和农业生产往往产生不同的影响。

棕壤是龙口市的主要土壤类型，面积大，分布广，其次为潮土、褐土、砂姜黑土。根据地形特点，按照地貌划分的标准，龙口市的微地貌可划为 8 种类型、16 个微地貌单元(见表 1-1)。

表 1-1　　龙口市地貌分类表

地貌类型	微地貌类型	面积（hm^2）	占总面积（%）	微地貌单元	面积（hm^2）	占总面积（%）
低山	山丘岭坡	11950	13.5	石质山岭	2035	2.3
				荒坡岭	9915	11.2
丘陵	水平梯田	31657	35.8	坡岭梯田	12768	14.4
				坡麓梯田	3165	3.6
				沟谷梯田	3304	3.7
				岭地	8220	9.3
				近山阶地	4200	4.8
平原	山前倾斜平地	24851	28.1	倾斜平地	9862	11.1
				微斜平地	14989	17
	沿河地	3447	3.9	河滩地	3447	3.9
	山间泊地	4630	5.2	泊地	4630	5.2
	滨海缓平地	4676	5.3	缓平地	4676	5.3
	滨海洼地	1070	1.2	洼地	1070	1.2
	滨海滩地	6219	7	滨海滩地	5014	5.7
				沙丘	373	0.4
				缓岗	832	0.9
合计		88500	100		88500	100

（一）山丘岭坡

山丘岭坡位于南部山地丘陵的中上部，海拔在 150m 以上，面积为 11950hm^2，占总面积的 13.5%。

1. 石质山岭

石质山岭主要分布于山丘的较高部位或顶部，自然覆被度低于 60%，间或有基岩裸露，面积为 2035hm^2，占总面积的 2.3%。

2. 荒坡岭

荒坡岭分布于山丘的中上部，地面坡度一般大于 20°，自然覆被度高于 60%，多为荒草坡、山岚及零星林地。土层浅薄，母质多为残积物或残积坡积物，发育为棕壤性土。面积为 9915hm^2，占总面积的 11.2%。

（二）水平梯田

水平梯田广泛分布于山丘的中下部及缓丘地带，海拔在 200m 以下，上部多种植果树，下部多为农田。面积为 31657hm^2，占总面积的 35.8%。主要土壤类型为棕壤性土和棕壤。

1. 岭坡梯田

岭坡梯田分布在山丘岭坡的中上部，地势较陡，坡度较大，一般为15°～25°，梯田群小而不连续，阶差大，梯田面宽仅数米，单块面积小于667m^2。土层浅薄(30cm左右)，质地粗(多石碴土)，多发育为棕壤性土，系人工垒迭而成，种植红薯、花生或干鲜果树，面积为12768hm^2，占总面积的14.4%。

2. 坡麓梯田

坡麓梯田分布于山丘中下部，坡度较缓，一般小于15°。梯田群大且密集，地块由上往下逐块增大，一至数亩不等。随着地面坡度的减缓，土层加厚，质地变细。梯田群上部多为棕壤性土，种植红薯、花生。下部发育成中层、厚层及深厚层棕壤，可种植小麦、玉米。面积为3165hm^2，占总面积的3.6%。

3. 沟谷梯田

沟谷梯田位于山丘区的沟谷地带。谷上端阶差大，谷底筑成坝头地，呈块状。谷的中部及下端，地块呈长条状，土体深厚，土壤较肥沃，多发育成中层、厚层棕壤，多种植小麦、玉米，一年两作，有的种植苹果和梨树，产量高且品质好，为龙口长把梨的主要产地，也是红薯、花生的高产地。面积为3304hm^2，占总面积的3.7%。

4. 岭　地

岭地包括俗称的“岭”和“堐”，广泛分布在缓丘地带，梯田群密集，地块有大有小。顶部和岭坡上部土层浅薄，发育为棕壤性土或薄层、中层棕壤，发育在下部的土壤多为中层、厚层棕壤，是粮油、果树的混作区。面积为8220hm^2，占总面积的9.3%。

5. 近山阶地

近山阶地位于洪积扇的中上部，海拔为50～60m，地面倾斜，但较开阔，土层深厚，多发育为厚层或深厚层棕壤，种植小麦、玉米，一年两作。面积为4200hm^2，占总面积的4.8%。

(三)山前倾斜平地

山前倾斜平地位于洪积扇中部以下的开阔地带，地势平坦，土层深厚，土壤肥沃，为小麦、玉米两作区，产量水平较高。面积为24851hm^2，占总面积的28.1%。土壤类型为棕壤、潮棕壤。

1. 倾斜平地

倾斜平地位于洪积扇的中下部，地面比降为1/200～1/100，土层深厚，多发育为棕壤，由洪积冲积母质形成。面积为9862hm^2，占总面积的11.1%。

2. 微斜平地

微斜平地位于倾斜平地以下，地面比降为1/400～1/100，土层深厚，土壤肥沃，潜水位较高，多发育为棕壤和潮棕壤，由洪积冲积母质形成，排灌条件良好。种植小麦、玉米，一年两作，多为高产、稳产田。面积为14989hm^2，占总面积的17%。

(四)沿河地

沿河地分布于河流两岸，面积为3447hm^2，占总面积的3.9%，土壤类型为河潮土。

河滩地因河流泛滥或人工改河造地而成。土壤质地沙性大、肥沃度差，由洪积冲积母质形成，多发育为河潮土。种植小麦、玉米，一年两作，或种植红薯、花生，产量一般。

(五)山间泊地

山间泊地位于山前(间)开阔地带,地面平坦,土层深厚,面积为数十公顷至数百公顷不等,母质为冲积物或洪积冲积物,种植小麦、玉米,一年两作。面积为4630hm²,占总面积的5.2%。土壤类型为河潮土或潮棕壤。

(六)滨海缓平地

滨海缓平地分布在沿海一带,地势较缓平,地面平坦,海拔高度在20m以下,比降小于1/400。由冲积或海积而成,土壤类型为潮棕壤或滨海潮土。种植小麦、玉米,一年两作。面积为4676hm²,占总面积的5.3%。

(七)滨海洼地

滨海洼地分布于龙港街道办事处的沿海地带,呈碟状,由古演湖淤积而成。土壤为湿潮土,现已开垦为农田,潜水位在1m左右,小麦、玉米常受涝害。面积为1070hm²,占总面积的1.2%。

(八)滨海滩地

滨海滩地分布于海拔10m以下的滨海地带,已脱离海潮影响,呈丘状、岭状和沙滩状,发育为滨海潮土,土壤剖面为均沙质,土体内有时有贝壳类海生物遗体,由海潮沉积而成。面积为6219hm²,占总面积的7%。

1. 滨海滩地

滨海滩地部分已植树造林,树种主要为黑松,其次为白杨、刺槐等,余者多覆被沙生型杂草。面积为5014hm²,占总面积的5.7%。

2. 沙　丘

沙丘呈圆丘状或岭状,由风力堆积而成。现已被固定,部分经改造开垦为农田。面积为373hm²,占总面积的0.4%。

3. 缓　岗

缓岗分布于原羊岚公社的中部(现诸由观镇西部),为玄武岩出露区。海拔在30m左右,顶部平坦,坡面比降为1/55～1/25。土壤为棕壤和棕壤性土,面积为832hm²,占总面积的0.9%。

三、地面坡度

龙口市地形大致是东南部为低山丘陵,海拔高,而西北部为滨海平原,海拔低,呈大洪积扇形。从东南到西北,海拔逐渐降低至海滩。一是东南部低山丘陵区的山丘岭坡中的石质山岭和荒坡岭,地面坡度超过20°,主要包括石良镇、七甲镇、兰高镇、芦头镇、北马镇的南部和诸由观镇的东部,面积为11950hm²,占总面积的13.5%。二是水平梯田中的岭坡梯田,坡度为15°～25°,面积为12768hm²,占总面积的14.4%。沟谷梯田、岭地和近山阶地地面坡度都小于15°,面积为18889hm²,占总面积的21.4%。这部分区域主要包括石良镇、七甲镇、兰高镇、芦头镇、北马镇的北部和诸由观镇的西北部。三是山前倾斜平地中的倾斜平地,地面比降为1/200～1/100,面积为9862.5hm²,占总面积的11.1%。微斜平地地面比降为1/400～1/200,面积为14989hm²,占总面积的17%。四是沿河地、山间(前)泊地,地势平坦,面积为8077.5hm²,占总面积的9.1%。五是滨海缓平地,地面比降小于 1/400，面积为 4675.7hm^2，占总面积的 5.3%。六是滨海洼地和滨海滩地，地势平坦，其中的缓岗坡面比降为 1/55～1/25，面积为 832hm^2，占总面积的 0.9%，其他面积为 6456hm^2，占总面积的 7.3%。山前倾斜平地、沿河地、山间(前)泊地、滨海缓平地、滨海洼地和滨海滩地主要分布在诸由观镇西部、新嘉街道办事处、徐福街道办事处、东江街道办事处、东莱街道办事处和西海岸的黄山馆镇、经济开发区(见表 1-2)。

表 1-2　龙口市地面坡度统计表

分级标准(°)	耕地面积(hm^2)	占总面积(%)	果园面积(hm^2)	占总面积(%)
0～0.2	739.5	4.2	1253.59	4.31
0.2～0.5	8966.26	50.98	9608.55	33.04
0.5～1	1677.5	9.54	2138.25	7.35
0.5～3	2122.97	12.07	4555.32	15.66
3～5	1203.67	6.84	2673.37	9.19
5～7	2447.93	13.92	6967.32	23.96
7～10	305.44	1.74	712.58	2.45
10～15	74.63	0.42	324.56	1.12
15～20	51.19	0.29	849.02	2.92
合计	17589.09	100	29082.56	100

四、母岩和成土母质

(一)母　岩

龙口市土壤多由酸性母岩风化物发育而成，也有极少部分由基性岩或钙质岩风化物发育而成。成土母岩以片麻状黑云花岗岩、石英二长岩、花岗闪长岩等酸性岩类为主，仅在东北部的东台、徐格庄一带有小面积的玄武岩出露。厚生矿物除了石英，主要有长石、云母、角闪石、辉石等；次生矿物主要有水云母、蛭石，其次还有高岭石、无定形铁铝锰氧化物及其水合物等。酸性岩类的风化产物质地粗，石英砂、砾多，盐基易被淋失，植物矿质养分含量低，代换量低，土壤易显酸性；矿质中的铁、铝被分解释放，经过淋溶淀积和铁锰氧化物的侵染，在土体内部形成棕—棕褐色的黏重土层，使土壤通透性变差。

(二)成土母质

成土母质的类型与地形、地貌有着极为密切的关系。岩石的风化物，在各种外力如重力、风、水、冰川等搬运下在一定的地方沉积下来，形成不同沉积类型的母质。龙口市成土母质主要有五种类型。

1. 坡积物母质

坡积物母质是山坡上部的风化物经重力作用搬运到山坡中部、下部甚至山麓而形成的堆积物。这种母质主要分布在中南部的丘陵区，多发育为棕壤性土，也有少部分富含钙质母岩风化物的坡积物发育成褐土性土，土体多为极薄层(0～15cm)或薄层(15～30cm)。

2. 洪积物母质

洪积物母质是岩石风化物经山洪搬运至山谷出口处的沉积体，主要分布于丘陵区的山麓及山间泊地中上部，多发育为棕壤和褐土。

3. 冲积物母质

冲积物母质是由岩石风化物受季节性水流侵蚀、搬运、沉积而形成的，主要分布于西北部平原地带及河流两侧，多发育为河潮土、湿潮土、潮棕壤、潮褐土。

4. 海积物母质

海积物母质是海岸上升露出水面而形成的海相沉积物，主要分布于北部沿海一带，发育为滨海潮土。

5. 黄土状母质

黄土状母质是经流水搬运而再沉积的具有黄土性状的沉积物，主要分布在南部的近山阶地和微斜平地的一部分，发育为棕壤和褐土。

总的来说，南部山丘区的成土母质主要是由酸性母岩风化后的残积物、坡积物和坡积洪积物，同时也有极少部分的基性岩类和钙质岩类；北部平原以第三、四纪洪积冲积物为主，沿海一带为海积物。酸性岩类风化物中含有大量的二氧化硅和较多的石英砂粒、砂石，质地粗，对土壤性质发生强烈影响，盐基易被淋洗，养分含量少，代换量低。

五、气候条件

龙口市地处温热带半湿润半干旱气候区，其特点是冬季寒冷雨雪少，春季干燥多风，夏季高温多阴雨，秋季凉爽雨水少。

龙口市历年日平均气温为11.6℃。高温出现在7月，月平均为24.48℃，极端高温为38.3℃；低温出现在1月，月平均为－3.05℃，极端低温为－21.3℃。无霜期有191.6天，最少163天，最多210天，初霜期一般开始于10月23日(10月11日至11月10日)，终霜期一般结束于4月15日(3月27日至5月6日)。不低于10℃的年积温为3980.4℃，始期一般开始于4月11日(最早4月6日，最晚5月2日)，终期一般结束于11月1日(最早10月2日，最晚11月10日)。不低于0℃的年积温为4460.2℃，历时283.8天，最高年为4765℃，最低年为3665.4℃。不低于20℃的年积温为2301.6℃，历时95天。年平均日照达2765.6h，日照率为63.1%。

历年平均降水量为586.3mm，降水量年内分配不均，72.9%集中在6～9月，仅7、8月的降水量就占全年的49.8%，而3～5月的降水量占全年的12.6%，10、11月的降水量占全年的9.3%。总体形成春旱、夏涝、晚秋又旱的气象特点。降水量年际变化大，最高年为1046.2mm(1964年)，最少年为329.4mm(1989年)，相差716.8mm。单站极差达1071.6mm(七甲站)。降水地域分布不均，南部山区降水量较大，北部平原区降水量较小。全年蒸发量(水面)为1903mm。相对湿度平均为69.9%，8月最高，为83.7%，3月最低，为63.2%，干燥度为1.14。

年平均气温多为11℃～12℃，最高年达12.6℃，最低年为10.6℃。全年月平均气温1月最低，为－2.8℃，最低年份为－6.6℃；7月最高，为24.7℃，最高年份为28.9℃。月气温变化方面，4月气温回升最快，3、4月升温达6.7℃，11月降温最快，较10月下降

7℃。4～11月是整个作物的生长季节，平均气温日较差为9.7℃，春季最大，秋季次之，夏季最小。全年平均低于−10℃的天数为10.7天。温度稳定通过0℃的平均初日为3月5日，最早2月13日，最晚3月21日；平均终日为12月11日，最早11月20日，最晚12月30日。不低于0℃的积温年平均为4386.3℃，最多为4735.5℃，最少为4076.2℃，不低于80%保证率的积温为4263.7℃，期间降水不低于80%的保证率为650mm。稳定通过10℃的初日为4月19日，最早4月4日，最晚4月30日；平均终日为10月31日，最早10月20日，最晚11月10日。不低于10℃的年积温平均为3882.5℃，最多为4124.3℃，最少为3611.6℃，不低于80%保证率的积温为3830℃，期间的降水量为649.6mm，不低于80%保证率的降水量为590mm。

六、水资源状况

龙口市水资源的来源有两大组成部分——地表水和地下水，均属于大气降水。多年平均降水量为586.3mm，降水总量为$5.24\times10^8m^3$，入境水量为$0.76\times10^8m^3$，扣除地面蒸发、水体蒸发、植物蒸腾、排泄入海量，形成的水资源量只有$2.3\times10^8m^3$，人均占有水资源量仅为$365m^3$，占全国人均的16%。按联合国统计划分，人均水资源量低于$1000m^3$为缺水区，人均水资源量低于$500m^3$为水危机区。龙口水资源总量严重不足，属资源型缺水地区。近年来，降水量呈递减趋势。在地域上，因受地形影响，自东南丘陵区向西北平原沿海区递减。

（一）水　库

目前，龙口市有大型水库1座、中型水库2座、小型水库74座、塘坝306座，共383座，蓄水量可达$1.3422\times10^8m^3$。塘坝总库容为$0.98\times10^7m^3$，可提供$0.682\times10^7m^3$农业用水。

（二）河　流

境内河流皆源于南部山区，曲折着流向西北。共有大小河流23条，主要有黄水河、泳汶河、曲栾河、龙口北河、北马南河、八里沙河等，均为季节性河流。

黄水河：是流经龙口市的最大河流，发源于栖霞市的主山，干流长55.43km，流域面积为$1034.47km^2$，境外面积为$581.5km^2$，境内面积为$452.97km^2$（含藏英河$18.8km^2$）。在龙口市有绛水河、丛林寺河、鸦鹊河、黄城集河等8条一级支流，流经丰仪、石良、文基、城关、兰高、诸由观等地。1958年，在其中游修建了王屋水库，总库容为$1.49\times10^8m^3$，兴利库容为$0.725\times10^8m^3$，可灌溉石良、文基、东江、东莱等地区的$0.67\times10^4hm^2$土地。中下游建有4座自动翻板拦河闸，一次性拦蓄能力为$2.8\times10^5m^3$。近海处建有黄水河地下水库，总库容为$0.5359\times10^8m^3$，最大调节库容为$0.3929\times10^8m^3$。

泳汶河：是第二条较大的河流，发源于下丁家镇南部的罗山，干流长38km，流域面积为$217.9km^2$，其中境外面积为$27.67km^2$。1960年，在其中上游建成北邢家水库，总库容为$0.131\times10^8m^3$，兴利库容为$0.6075\times10^7m^3$，可灌溉下丁家、东江、芦头等地区的$1300hm^2$土地。其主要支流——南栾河的中上游建有迟家沟水库，总库容为$0.2044\times10^8m^3$，兴利库容为$0.1282\times10^8m^3$，可灌溉芦头、大陈家的$1000hm^2$土地。

曲栾河：为平原河，由数条支流组成，流域面积为$59.5km^2$。

北马南河：发源于大陈家双目顶，干流长18km，流域面积为59.39km^2，其中境外面积为3.14km^2。其上游建有员外刘家水库，属小(一)型水库。

龙口北河：为一平原河流，流域面积为50.7km^2，其成型干流长度只有2km。

八里沙河：发源于招远市大山东麓，干流长12km，流域面积为45.75km^2，其中境外面积为7.25km^2，中游建有八里沙河地下水库，总库容为$3.55\times10^5m^3$。

(三)地下水

龙口市采取地下水已有悠久的历史。近三十年，在建筑地下取水工程上进行了大量的投入，建有地下水库2座、大口井573眼、各类机电井7548眼、固定机电排灌站86处。平原区平均每平方千米有17眼机井，密度较大。企业自备水井有180眼。提水总动力为1.43×10^5kW。地下水的开发程度比较高，已处于超采状态。

第二节　农村经济与农业生产情况

一、农村经济情况

新中国成立初期，龙口市经济发展比较缓慢，主要以农业为主。1949年，社会总产值仅1999万元，其中农业总产值为1783万元，占社会总产值的89.19%。农业以种植小麦、玉米为主，一年两作。另外，还有一定面积的花生、豆类和谷物。但生产方式落后，生产力水平低下，粮油产量一直较低且不稳定。农业收入以粮食为主，另有一小部分果园、菜地和林地。其中粮田面积为42000hm^2，占耕地的91.2%，年粮食单产为1656kg/hm^2，花生单产为1800kg/hm^2，果园面积为1000hm^2，其他经济作物面积为2800hm^2，农业人均年收入只有52.38元。到20世纪50年代后期以前，通过进行农田基本建设、科学种田，农田单位面积产量得到提高，生产力得到进一步解放，农业人均收入增加。1956年，龙口市年粮食单产为4373kg/hm^2，花生单产为2252kg/hm^2，成为全国北方地区第一个粮食跨“纲要”的县。50年代后期至60年代初期，由于自然灾害和各种客观原因，粮油生产受到挫折，至1965年粮食生产才又开始回升。1972年，年粮食单产为6084kg/hm^2，是全北方地区第一个粮食产量“跨长江”的县。1975年，年粮食单产达到8083kg/hm^2，成为山东省第一个超千斤的县。70年代后期至80年代初期，是粮油生产的第二个高潮阶段，此阶段粮油单产迅速增加，粮食亩产稳定在千斤以上。1980年，农业总产值达到2.26亿元，占工农业总产值的57.3%，其中种植业产值为1.38亿元，占农业总产值的61.1%，农民人均年收入达到425.6元，种植业在农村产业结构中占有重要的地位。随着改革开放后农业产业结构的调整，粮食面积逐渐减少，而经济作物所占的比例逐渐增加。到近十几年来，龙口市加大农业产业结构调整，坚持走农业产业化、标准化和国际化“三化”联动的路子，农业生产稳定提高，各项强农惠农政策全面落实，市财政支持“三农”资金五年累计34亿元，加快农业和农村经济现代化进程，加快发展果树和蔬菜种植、畜禽养殖、果蔬深加工等特色种养业，完善农业科技和农技推广服务体系，粮食生产连年丰收，农业标准化、产业化、国际化步伐明显加快，农业和农村经济又好又快发展。到2010年，龙口市通过有机和绿色食品认证的农产品分别达到4个和101个，营业收入过亿元的农副产品加工企业有11家，省级农业产业化龙头企业有7家；农产品出口创汇2.7亿美元；实现农业总产值45.8亿元，农村经济总收入达到1384亿元，农业劳动生产率为17038元/人，土地产出率为7627.45元/667m²，农民人均年纯收入达到11312元，农民生活比较富裕。

二、农业生产情况

(一)农村人口及劳动力

到2010年年底，龙口市农村户数为174267户，农业人口数为268564人，占龙口市总人口数的42.34%；农村劳力资源为293936人，乡村实有从事农业劳动力人员为105218人，占农村劳动力资源的35.8%。

(二)农业结构进一步优化

近年来，农业结构进一步优化，形成了粮油、蔬菜、果品、畜牧、水产五大主导产业。每年新增标准化果蔬基地多个和标准化养殖场区40个，促进了农产品的质量提高和产业升级。2010年，龙口市耕地面积为17589.09hm²，农作物总播种面积为25255.7hm²，其中粮田面积为9603.1hm²，播种面积为18253.3hm²；花生播种面积为2706.3hm²，菜类播种面积为4051.5hm²，瓜类播种面积为244.5hm²，其中草莓面积为214.6hm²；另外，果园面积为29082.56hm²；林地面积为11439.79hm²；牲畜和家禽存栏量分别达到41万头(只)和700万只，出栏量分别为57万头(只)和2100万只，肉蛋奶总产量为22万吨。农业产业结构的优化，促进了农产品的质量提高和产业升级(见表1-3)。

表1-3　　2010年种植业生产现状

农作物		播种面积(hm²)	平均单产(kg/hm²)	总产量(t)
粮食作物	小麦	7635.2	6765	51634
	玉米	9603.1	7095	68066
油料作物(花生)		2706.3	3720	10055
蔬菜	菜类	4051.5	54555	221021
	瓜类	244.5	33315	8144
果园		29082.56	20734	603000

(三)农业产业化进一步深化发展

近年来，龙口市先后实施了“全国无公害小麦技术集成与产业化示范县”“第一批全国创建无公害水果生产示范基地县”“全国无公害水果出口示范基地县”“全国无规定动物疫病区示范区”“国家级绿色农业示范区“全国农技推广示范县”、山东省“十佳农业产业化示范县”“生态农业示范县”“农药无残毒放心果基地县”“新型农民培训”“果品标准化示范县”等项目，拥有了北方果品保鲜储藏最大的产业集群。龙口市各类农业企业有140多家，其中规模以上企业有59家，年可实现销售收入147亿元。龙口市有省级农业龙头企业7家、烟台市级15家。龙口市冷风库、气调库产业迅速崛起，总库容达到32万吨，果品储藏保鲜能力达到55万吨，成为中国北方县级市最大的保鲜库群，2010年，龙口市农产品出口创汇达到 2.1 亿美元。

(四)农业科技水平进一步提升

大力引进智力资源，积极引进并推广农业新品种和先进技术。近几年，龙口市引进推广了济麦 20、红富士苹果、巨峰葡萄、金帅黄瓜、瑞丽斯西红柿等优良新品种 40 多个，引进瓜类蔬菜嫁接技术、大姜生产应用浸种直播剂技术、频振式杀虫灯应用技术、农药减量控制、果品套袋、测土配方施肥等先进技术 20 多项，提升了农产品的质量水平。加大对农民素质教育培训，积极开展多种形式的实用技术培训，农民的市场经济观念、科学种养意识不断增强，每年开展农村技能培训 20000 人次以上。

(五)农村各项政策得到落实

认真贯彻党的农村政策，农村土地延包工作顺利进行，新型农村合作医疗制度已经开始实行，农村税费改革和粮食直补政策得到全面落实，取消农业税和农业特产税，直接减轻农民负担 8162 万元，落实粮食直补资金 1061 万元。

(六)农业执法体系进一步完善

建立了农业执法大队，健全了行政执法责任制，大力推进普法宣传。通过加大培训力度，提高执法人员素质，强化服务意识，严格行政审批、审核工作，强化执法监督，加大对假冒伪劣农资等违法案件的查处力度。

第三节 农业基础设施

龙口市农业基础设施完备，生产力水平相对较高，特别是通过近些年来国家农业项目的带动，进一步加大了农业基础设施的建设。通过农业综合开发、土地整理、农产品质量安全监测、农村信息化建设等项目的开展，龙口市对山水林田路等基础设施进一步改造，如加强农田水利建设，修筑田间机耕路，铺设地下管道，建设蓄水池、出水口，发展节水灌溉，实施农业有害生物的监测、预报与控制，建设化验室内外的配套工程，购置大型检测仪器等，使龙口市的农业基础设施进一步提高。

一、农田水利建设情况

到目前为止，龙口市多年平均降水量仅为 586mm，降水量较少，水资源总量短缺，且降水量呈递减趋势。人均占有水资源量仅为 365m^3，占全国人均的 16%，但龙口市水利工程建设比较完善，农田水利建设基本配套，农田灌溉水源除了自然降水，主要是以水库灌区提供的地表水和以机电井为主提取的地下水。平原为水库灌区的地表水和地下水，丘陵和山区以水库灌区的地表水和塘坝的地表水为主，兼以机电井为辅，农田灌溉率为 75%～95%。

(一)水资源量

龙口市多年平均水资源总量只有 $2.3\times10^8 m^3$。

地表水资源量由天然入境客水量和境内自产径流量组成，主要入境客水有从招远入境的八里沙河、南栾河、北马南河及黄水河支流黑山河；从栖霞入境的黄水河；从蓬莱入境的黄水河支流黄城集河及荆家河、丛林寺河。境内多年自产径流量为 $0.9669\times10^8 m^3$，天然人境客水量为$0.759\times10^8m^3$，天然径流总量为$1.7259\times10^8m^3$。多年平均地表水可利用量为$0.83\times10^8m^3$。

地下水资源量主要来自于降水入渗补给，其次为侧向补给。山丘地下水主要靠大气降雨入渗补给。平原区除降水入渗补给量，还有河道及地表水体渗漏补给量、山前侧渗补给量、渠灌入渗补给量以及排泄入海量等。多年平均地下水资源量为$1.4045\times10^8m^3$，可利用量为$0.71\times10^8m^3$。

水资源可利用量50%频率年为$1.5517\times10^8m^3$；75%频率年为$1.251\times10^8m^3$；90%频率年为$0.9877\times10^8m^3$。

(二)水利工程建设状况

龙口市的水利发展经历了两个重要时期。一是新中国刚成立后的十几年里，政府以改善农业生产条件为主要目的，因地制宜，全面规划，有组织、有计划地大搞农田水利基本建设，修水库、筑塘坝、打机井、挖渠道，陆续兴建了一大批水利建设项目。到1970年，有效灌溉面积达到$28467hm^2$。现在运行的水利工程大部分就是在这个时期建成的。二是20世纪90年代以后，改革管理制度，推行承包责任制，实行企业化管理，发展综合经营，“拦、蓄、节、渗、补”相结合，建设节水型水利工程。随着近几年水利项目的实施，水利建设方面又有了新突破。到目前为止，龙口市共建成各类水利工程1.5万余项，其中大型水库1座，总库容为$1.2118\times10^8m^3$；中型水库2座，总库容为$0.3354\times10^8m^3$，大中型水库蓄水量可达$0.99\times10^8m^3$；小(一)型水库8座，蓄水量可达$0.1531\times10^8m^3$；小(二)型水库66座，小型水库总库容达$0.3525\times10^8m^3$，蓄水量可达$0.1187\times10^4m^3$；塘坝306座，总库容达$9.79\times10^6m^3$，蓄水量可达$8.04\times10^6m^3$。合计大中小型水库和塘坝共383座，地表总库容为$2.26\times10^8m^3$，有效拦蓄能力可达$1.3422\times10^8m^3$。已建成以王屋、北邢家、迟家沟等水库为主的大型灌区，负责辖区内的农田灌溉。蓄水工程年设计供水能力大中小型水库和塘坝分别是$0.58\times10^8m^3$、$0.1211\times10^8m^3$、$0.2508\times10^8m^3$、$0.772\times10^7m^3$，共计$1.0291\times10^8m^3$，其中用于农业灌溉的为$0.2249\times10^8m^3$。有扬水站360处，灌溉机电井为7879眼，装机容量达66910kW；排灌机械23100台，总动力为1.45×10^5kW。用于农业灌溉的机电井可供水$0.9267\times10^8m^3$。建立了较为完善的农田水利基础设施，水利工程的抗旱、防洪、供水和水土保持功能明显增强。旱涝保收面积为$1.919\times10^8hm^2$，有效灌溉面积为$1.947\times10^8hm^2$，机电排灌面积为$1.924\times10^8hm^2$，合计灌溉面积达$3.865\times10^8hm^2$。标准农田面积为$4\times10^8hm^2$，灌溉率达92.6%。另外，喷灌、滴灌等节水灌溉面积逐年扩大，2010年达到$540hm^2$，极大地提高了农业抗旱夺丰收的能力。

二、农业生产机械情况

20世纪50年代中期，少量的半机械化农具已得到应用。70年代，拖拉机的使用已很普遍。到了70年代末期，村集体中的生产队都有了拖拉机，并配套相应农机具，有犁、耙和小麦收割机、播种机、中耕灭茬机、筑埂机等，以及各种脱粒机、扬场机等。至1978年，龙口市农机总动力为1.521×10^5kW，农田机耕占74.6%、机耙占43.1%，小麦机播占87%、机收占0.9%。农副产品加工、谷物脱粒全部实现机械化，农机资产总值为6100万元。1980年以来，家庭联产承包责任制逐步落实，农业机械走进千家万户。1986年，北马镇西刘家村被山东省农机局选定为山东省农业生产全过程机械化试点村。到1990年，全村已有60%的地块实现了玉米收获、田间植保喷药机械化，100%的地块实现小麦收获全过程机械化。1990年以后，随着经济的发展，农业机械化水平又有了较大提高。到2010年，龙口市农机总动力达到789095kW，其中电动机为177213kW，柴油机为556843kW，汽油机为55039kW；农机资产总值为3.4159亿元，农业机械为2.2万台（套），其中小麦收割机为180台，玉米收获机为120台，农用拖拉机为8546台，功率为110264kW；拖拉机配套农具为9309部。耕地、整地机械为7161台，播种机为1102台，农用排灌机械为45454台，联合收割机为358台，功率为27322kW。农用运输车为22991辆，功率为239829kW。机耕面积为16490hm^2，占总耕地播种面积的65.3%；机播面积为20310hm^2，占总耕地播种面积的80.42%；机电灌溉面积为16910hm^2，机收面积为19180hm^2，占总耕地播种面积的75.94%。农田机械节水灌溉面积为3340hm^2，机械化秸秆还田面积为8800hm^2。综合农业机械化率为90%，小麦机械化水平达到100%，玉米机械化水平达到95%。

第二章 土壤与耕地资源状况

第一节 土壤类型与分布

一、土壤分类

1980 年 10 月 23 日至 1981 年 1 月 25 日，龙口市按照山东省土壤普查办公室的有关规定和要求进行了第二次土壤普查工作，并根据《全国第二次土壤普查暂行技术规程》，采用土壤发生学分类的原则，将全市土壤分为 4 个土类、11 个亚类、23 个土属、185 个土种。

(一)土 类

土类是高级分类单元，是在一定的综合自然条件和人为因素作用下经过一个主导或几个相结合的成土过程，同一土类具有一定相似的、可鉴别的发生层次，土类间在性质上有明显的差异，不同类型的土壤有着各自的性态特征、生产性能和肥力水平，对农业生产有着重要的影响。

(二)亚 类

亚类是土类范围内和土类之间的过渡类型。同一土类内，在主导成土过程以外，还有某些附加的成土过程，使土壤属性产生了较大的变化，如土体发育过程的差异、淋溶程度的强弱、潜水的影响程度等。潮土土类按其潜水状况就可划分为潮土和湿潮土两个亚类等。

(三)土 属

土属具有承上其下的特点，它既是亚类的续分又是土种的归纳，主要依据母岩、母质、水文、地质、地形部位和地理位置等划分。

(四)土 种

土种是基层分类单元，是发育在相同的母质上、具有相类似的发育程度和土体构型的比较稳定的一类土壤。土种的性态具有相对的稳定性，非一般耕作措施在短时期内所能改变。同一土种，其土体厚度、表层质地、土体构型基本相似。

二、土壤分布规律

龙口市主要土壤类型为棕壤，且棕壤随着地形、地貌的变化呈现着规律性的分布，总趋势由南往北、由高到低分别为棕壤性土、棕壤和潮棕壤。棕壤性土亚类广泛分布在南部山丘区的石质山岭、荒坡岭、岭坡梯田；棕壤亚类主要分布在南部山丘区的沟谷梯田、坡麓梯田和近山阶地，北部也略有分布，灰条棕壤面积很少，只有 $2hm^2$，集中在下丁家镇常胜庄附近；潮棕壤亚类分布在北部平原区。

褐土的分布主要与基岩和成土母质有关，其分布与棕壤呈复区。褐土主要分布在平原区的北部，其次为山丘区坡麓地带的黄土堆积体上及石灰岩区。

潮土主要分布在西北部沿海地带和河流两岸，河流两岸是河潮土，沿海为滨海潮土，湿潮土分布在滨海洼地。

砂姜黑土分布在洼地边缘、潮土与棕壤的交接处，主要分布在西北部平原区。

三、土壤类型

本次耕地地力评价工作继续采用 1980 年土壤普查的成果，划分出棕壤、潮土、褐土、砂姜黑土 4 个土类、11 个亚类、23 个土属，共 185 个土种(见表 2-1 和表 2-2)。

表 2-1 龙口市土壤分类系统表

土类	亚类	土属	土种	耕地面积(hm^2)	占总耕地面积(%)	果园面积(hm^2)	占总果园面积(%)
棕壤	棕壤性土	酸性岩类棕壤性土	石碴质极薄层硬石底酸性岩类棕壤性土	68	0.39	394	1.35
			马牙砂质极薄层硬石底酸性岩类棕壤性土	2	0.01	81	0.28
			石碴质薄层硬石底酸性岩类棕壤性土	61	0.35	112	0.39
			壤质薄层硬石底酸性岩类棕壤性土	89	0.51	180	0.62
			粗沙质极薄层酥石棚酸性岩类棕壤性土	18	0.1	83	0.29
			石碴质极薄层酥石棚酸性岩类棕壤性土	77	0.44	510	1.75
			壤质极薄层酥石棚酸性岩类棕壤性土	19	0.11	98	0.34
			粗沙质薄层酥石棚酸性岩类棕壤性土	7	0.04	197	0.68
			石碴质薄层酥石棚酸性岩类棕壤性土	382	2.17	2181	7.5
			壤质薄层酥石棚酸性岩类棕壤性土	1737	9.88	2071	7.12
			石碴质中层酥石棚酸性岩类棕壤性土	88	0.5	577	1.98
			粗沙质中层酥石棚酸性岩类棕壤性土	41	0.23	14	0.05
			壤质中层酥石棚酸性岩类棕壤性土	149	0.85	741	2.55
		基性岩类棕壤性土	壤质薄层酥石棚基性岩类棕壤性土	33	0.19	157	0.54
			壤质中层酥石棚基性岩类棕壤性土	105	0.6	182	0.63
		钙质岩类棕壤性土	壤质中层硬石底钙质岩类棕壤性土	36	0.2	88	0.3
			壤质中层酥石棚钙质岩类棕壤性土	8	0.05	25	0.09
	棕壤	洪坡积棕壤	均沙壤洪坡积棕壤	5	0.03	4	0.01
			均轻壤洪坡积棕壤	398	2.26	953	3.28
			均中壤洪坡积棕壤	19	0.11	162	0.56

续表

土类	亚类	土属	土种	耕地面积（hm^2）	占总耕地面积（%）	果园面积（hm^2）	占总果园面积（%）
棕壤	棕壤	洪坡积棕壤	沙壤质薄黏心洪坡积棕壤	0	0	24	0.08
			轻壤质薄黏心洪坡积棕壤	6	0.03	48	0.17
			轻壤质厚黏心洪坡积棕壤	250	1.42	672	2.31
			中壤质厚黏心洪坡积棕壤	252	1.43	617	2.12
			轻壤质厚黏腰洪坡积棕壤	58	0.33	346	1.19
			中壤质厚黏腰洪坡积棕壤	36	0.2	301	1.03
			轻壤质厚砂姜心洪坡积棕壤	0	0	21	0.07
			轻壤质薄沙腰洪坡积棕壤	2	0.01	38	0.13
			中壤质薄沙腰厚黏腰洪坡积棕壤	24	0.14	20	0.07
			轻壤质厚沙腰洪坡积棕壤	23	0.13	86	0.3
			中壤质厚铁板沙腰洪坡积棕壤	0	0	32	0.11
			沙壤质薄层洪坡积棕壤	39	0.22	253	0.87
			轻壤质薄层洪坡积棕壤	145	0.82	414	1.42
			中壤质薄层洪坡积棕壤	3	0.02	45	0.15
			沙壤质中层洪坡积棕壤	64	0.36	221	0.76
			轻壤质中层洪坡积棕壤	923	5.25	1668	5.74
			中壤质中层洪坡积棕壤	85	0.48	142	0.49
		洪积棕壤	均沙壤洪积棕壤	0	0	12	0.04
			均轻壤洪积棕壤	182	1.03	299	1.03
			均中壤洪积棕壤	61	0.35	124	0.43
			中壤质厚砾石心洪积棕壤	0	0	35	0.12
			沙壤质薄黏心洪积棕壤	0	0	0	0
			轻壤质薄黏心洪积棕壤	0	0	0	0
			沙壤质厚黏心洪积棕壤	0	0	3	0.01
			轻壤质厚黏心洪积棕壤	2	0.01	128	0.44
			中壤质厚黏心洪积棕壤	37	0.21	428	1.47
			轻壤质厚黏腰洪积棕壤	152	0.86	209	0.72
			中壤质厚黏腰洪积棕壤	160	0.91	338	1.16
			轻壤质厚沙心洪积棕壤	4	0.02	19	0.07
			轻壤质薄铁板沙心洪积棕壤	0	0	71	0.24
			轻壤质厚铁板沙心洪积棕壤	0	0	18	0.06
		洪冲积棕壤	均轻壤洪冲积棕壤	592	3.37	247	0.85
			均中壤洪冲积棕壤	7	0.04	95	0.33
			中壤质薄黏心厚铁板沙心洪冲积棕壤	10	0.06	4	0.01

续表

土类	亚类	土属	土种	耕地面积（hm^2）	占总耕地面积（%）	果园面积（hm^2）	占总果园面积（%）
棕壤	棕壤	洪冲积棕壤	中壤质薄黏心厚铁板沙腰洪冲积棕壤	19	0.11	13	0.04
			轻壤质厚黏心洪冲积棕壤	68	0.39	220	0.76
			中壤质厚黏心洪冲积棕壤	116	0.66	136	0.47
			中壤质厚黏心厚铁板沙腰洪冲积棕壤	27	0.15	46	0.16
			沙壤质厚黏腰洪冲积棕壤	0	0	20	0.07
			轻壤质厚黏腰洪冲积棕壤	0	0	26	0.09
			中壤质厚黏腰洪冲积棕壤	8	0.05	2	0.01
			中壤质厚沙心洪冲积棕壤	12	0.07	62	0.21
			沙壤质厚铁板沙心洪冲积棕壤	0	0	18	0.06
			轻壤质厚铁板沙心洪冲积棕壤	0	0	51	0.18
			中壤质厚铁板沙腰洪冲积棕壤	0	0	15	0.05
		冲积棕壤	均沙壤冲积棕壤	86	0.49	46	0.16
			均轻壤冲积棕壤	416	2.37	259	0.89
			中壤质薄黏心冲积棕壤	42	0.24	73	0.25
			轻壤质厚黏心冲积棕壤	22	0.13	16	0.06
			中壤质厚黏心冲积棕壤	14	0.08	138	0.47
			轻壤质厚黏腰冲积棕壤	37	0.21	34	0.12
			沙质中层冲积棕壤	49	0.28	3	0.01
			轻壤质厚沙腰冲积棕壤	92	0.52	5	0.02
			轻壤质中层冲积棕壤	32	0.18	129	0.44
		黄土棕壤	中壤质薄黏心黄土棕壤	0	0	0	0
		风积棕壤	均沙壤风积棕壤	34	0.19	21	0.07
	灰条棕壤	洪积灰条棕壤	轻壤质厚黏心洪积灰条棕壤	0	0	2	0.01
	潮棕壤	洪冲积潮棕壤	均沙壤洪冲积潮棕壤	24	0.14	23	0.08
			均轻壤洪冲积潮棕壤	115	0.65	117	0.4
			均中壤洪冲积潮棕壤	18	0.1	12	0.04
			轻壤质厚沙腰洪冲积潮棕壤	3	0.02	15	0.05
			轻壤质厚黏心洪冲积潮棕壤	211	1.2	104	0.36
			轻壤质厚沙心洪冲积潮棕壤	10	0.06	55	0.19
			中壤质厚黏心洪冲积潮棕壤	48	0.27	73	0.25
			轻壤质厚黏腰洪冲积潮棕壤	145	0.82	121	0.42
			中壤质厚黏腰洪冲积潮棕壤	14	0.08	55	0.19

续表

土类	亚类	土属	土种	耕地面积(hm²)	占总耕地面积(%)	果园面积(hm²)	占总果园面积(%)
棕壤	潮棕壤	冲积潮棕壤	均沙壤冲积潮棕壤	26	0.15	26	0.09
			均轻壤冲积潮棕壤	1773	10.08	1219	4.2
			均中壤冲积潮棕壤	575	3.27	366	1.26
			轻壤质薄沙心厚黏腰冲积潮棕壤	0	0	22	0.08
			轻壤质厚沙心冲积潮棕壤	14	0.08	62	0.21
			中壤质厚沙心冲积潮棕壤	4	0.02	33	0.11
			沙壤质厚黏心冲积潮棕壤	10	0.06	72	0.25
			轻壤质厚黏心冲积潮棕壤	120	0.68	96	0.33
			中壤质厚黏心冲积潮棕壤	244	1.39	182	0.63
			中壤质薄黏腰冲积潮棕壤	21	0.12	89	0.31
			轻壤质厚黏腰冲积潮棕壤	308	1.75	233	0.8
			中壤质厚黏腰冲积潮棕壤	594	3.38	335	1.15
褐土	褐土性土	钙质岩类褐土性土	壤质薄层硬石底钙质岩类褐土性土	0	0	0	0
	淋溶褐土	冲积淋溶褐土	均轻壤冲积淋溶褐土	285	1.62	98	0.34
			轻壤质厚黏心冲积淋溶褐土	21	0.12	58	0.2
			中壤质厚黏心冲积淋溶褐土	100	0.57	1	0
			中壤质厚黏腰冲积淋溶褐土	77	0.44	30	0.1
			沙壤中层冲积淋溶褐土	31	0.18	4	0.01
	褐土	洪坡积褐土	轻壤质中层洪坡积褐土	1	0.01	0	0
		冲积褐土	均沙壤冲积褐土	61	0.35	18	0.06
			均轻壤冲积褐土	181	1.03	119	0.41
			均中壤冲积褐土	217	1.23	28	0.1
			轻壤质厚黏心冲积褐土	0	0	0	0
			中壤质厚黏心冲积褐土	49	0.28	0	0
			轻壤质厚砂姜腰冲积褐土	112	0.64	87	0.3
			沙壤质厚砂姜腰冲积褐土	47	0.27	10	0.03
			轻壤质中层冲积褐土	0	0	0	0
		黄土褐土	均轻壤黄土褐土	2	0.01	8	0.03
			均中壤黄土褐土	0	0	9	0.03
	潮褐土	冲积潮褐土	中壤质厚黏心冲积潮褐土	113	0.64	19	0.07
			均轻壤冲积潮褐土	378	2.15	168	0.58
			轻壤质厚黏心冲积潮褐土	121	0.69	50	0.17
			轻壤质厚黏腰冲积潮褐土	34	0.19	56	0.19
			中壤质厚黏腰冲积潮褐土	19	0.11	9	0.03

续表

土类	亚类	土属	土种	耕地面积（hm^2）	占总耕地面积（%）	果园面积（hm^2）	占总果园面积（%）
潮土	潮土	滨海潮土	轻壤质薄沙腰滨海潮土	9	0.05	86	0.3
			沙壤质厚沙腰滨海潮土	2	0.01	90	0.31
			轻壤质厚沙底滨海潮土	33	0.19	60	0.21
			沙壤质厚壤心滨海潮土	0	0	20	0.07
			沙壤质薄壤腰滨海潮土	14	0.08	2	0.01
			紧沙质厚壤腰滨海潮土	31	0.18	39	0.13
			沙壤质厚壤腰滨海潮土	21	0.12	42	0.14
			沙壤质薄黏腰滨海潮土	2	0.01	32	0.11
			沙壤质厚黏腰滨海潮土	26	0.15	8	0.03
			沙壤质厚黏底滨海潮土	2	0.01	27	0.09
			轻壤质厚黏底滨海潮土	16	0.09	65	0.22
			均松沙壤滨海潮土	87	0.49	460	1.58
			均紧沙壤滨海潮土	62	0.35	427	1.47
			均沙壤滨海潮土	11	0.06	54	0.19
			均轻壤滨海潮土	3	0.02	116	0.4
			轻壤质厚沙姜腰滨海潮土	154	0.88	62	0.21
		河潮土	轻壤质薄沙心河潮土	123	0.7	40	0.14
			轻壤质厚沙心河潮土	112	0.64	326	1.12
			轻壤质厚沙心厚壤腰河潮土	9	0.05	50	0.17
			轻壤质厚沙心厚壤底河潮土	51	0.29	90	0.31
			中壤质厚沙心河潮土	16	0.09	21	0.07
			轻壤质薄沙腰河潮土	43	0.24	101	0.35
			沙壤质厚沙腰河潮土	0	0	27	0.09
			轻壤质厚沙腰河潮土	35	0.2	360	1.24
			中壤质厚沙腰河潮土	6	0.03	8	0.03
			轻壤质薄沙底河潮土	0	0	22	0.08
			沙壤质厚沙底河潮土	6	0.03	56	0.19
			轻壤质厚沙底河潮土	104	0.59	139	0.48
			沙壤质厚壤心河潮土	41	0.23	291	1
			紧沙质厚壤腰河潮土	14	0.08	179	0.62
			沙壤质厚壤腰河潮土	122	0.69	584	2.01
			紧沙质厚壤底河潮土	0	0	37	0.13
			轻壤质厚黏心河潮土	174	0.99	107	0.37

续表

土类	亚类	土属	土种	耕地面积（hm^2）	占总耕地面积（%）	果园面积（hm^2）	占总果园面积（%）
潮土	潮土	河朝土	中壤质厚黏心河潮土	6	0.03	60	0.21
			沙壤质薄黏腰河潮土	0	0	26	0.09
			轻壤质厚黏腰河潮土	83	0.47	297	1.02
			沙壤质厚黏底河潮土	2	0.01	35	0.12
			均松沙壤河潮土	0	0	23	0.08
			均紧沙壤河潮土	12	0.07	106	0.36
			均质少砾质沙壤河潮土	3	0.02	16	0.06
			均沙壤河潮土	508	2.89	1290	4.44
			均轻壤河潮土	310	1.76	1066	3.67
			均中壤河潮土	132	0.75	26	0.09
	湿潮土	冲积黑潮土	轻壤质厚沙腰冲积黑潮土	9	0.05	30	0.1
		冲积湿潮土	轻壤质厚沙心冲积湿潮土	0	0	13	0.04
			轻壤质厚沙腰冲积湿潮土	13	0.07	97	0.33
			沙壤质薄壤心冲积湿潮土	1	0.01	6	0.02
			沙壤质厚壤心冲积湿潮土	21	0.12	3	0.01
			紧沙质厚黏心冲积湿潮土	28	0.16	18	0.06
			中壤质厚黏心冲积湿潮土	0	0	0	0
			中壤质厚黏腰冲积湿潮土	22	0.13	27	0.09
			均沙壤冲积湿潮土	17	0.1	16	0.06
砂姜黑土	砂姜黑土	洼坡砂姜黑土	轻壤质厚黑土心洼坡砂姜黑土	61	0.35	5	0.02
			中壤质厚黑土心洼坡砂姜黑土	183	1.04	42	0.14
			沙壤质薄黑土心厚砂姜腰洼坡砂姜黑土	12	0.07	0	0
			沙壤质厚黑土心厚砂姜腰洼坡砂姜黑土	41	0.23	53	0.18
			轻壤质厚黑土心厚砂姜腰洼坡砂姜黑土	181	1.03	246	0.85
			中壤质厚黑土心厚砂姜腰洼坡砂姜黑土	0	0	0	0
			沙壤质厚黑土腰厚砂姜腰洼坡砂姜黑土	10	0.06	33	0.11
			中壤质厚黑土腰洼坡砂姜黑土	140	0.8	44	0.15
			轻壤质厚黑土腰洼坡砂姜黑土	72	0.41	39	0.13
			轻壤质厚砂姜心洼坡砂姜黑土	15	0.09	49	0.17
			中壤质厚砂姜心洼坡砂姜黑土	379	2.15	82	0.28
			轻壤质厚砂姜腰洼坡砂姜黑土	69	0.39	40	0.14
			中壤质厚砂姜腰洼坡砂姜黑土	271	1.54	62	0.21

表 2-2 龙口市各土类面积表

<table>
<tr><th>土 类</th><th>亚 类</th><th>土 属</th><th>耕地面积(hm²)</th><th>占总耕地面积(%)</th><th>果园面积(hm²)</th><th>占总果园面积(%)</th></tr>
<tr><td rowspan="16">棕壤(A)</td><td rowspan="4">棕壤性土(Aa)</td><td>酸性岩类棕壤性土(Aa1)</td><td>2738</td><td>15.57</td><td>7239</td><td>24.89</td></tr>
<tr><td>基性岩类棕壤性土(Aa2)</td><td>138</td><td>0.78</td><td>339</td><td>1.17</td></tr>
<tr><td>钙质岩类棕壤性土(Aa3)</td><td>44</td><td>0.25</td><td>113</td><td>0.39</td></tr>
<tr><td>合计</td><td>2920</td><td>16.6</td><td>7691</td><td>26.45</td></tr>
<tr><td rowspan="7">棕壤(Ac)</td><td>洪坡积棕壤(Ac1)</td><td>2332</td><td>13.24</td><td>6067</td><td>20.86</td></tr>
<tr><td>洪积棕壤(Ac2)</td><td>598</td><td>3.39</td><td>1684</td><td>5.79</td></tr>
<tr><td>洪冲积棕壤(Ac3)</td><td>859</td><td>4.9</td><td>955</td><td>3.28</td></tr>
<tr><td>冲积棕壤(Ac4)</td><td>790</td><td>4.5</td><td>703</td><td>2.42</td></tr>
<tr><td>黄土棕壤(Ac7)</td><td>0</td><td>0</td><td>0</td><td>0</td></tr>
<tr><td>风积棕壤(Ac8)</td><td>34</td><td>0.19</td><td>21</td><td>0.07</td></tr>
<tr><td>合计</td><td>4613</td><td>26.23</td><td>9430</td><td>32.42</td></tr>
<tr><td>灰条棕壤(Ad)</td><td>洪积灰条棕壤(Ad2)</td><td>0</td><td>0</td><td>2</td><td>0.01</td></tr>
<tr><td rowspan="3">潮棕壤(Ae)</td><td>洪冲积潮棕壤(Ae3)</td><td>588</td><td>3.34</td><td>575</td><td>1.98</td></tr>
<tr><td>冲积潮棕壤(Ae4)</td><td>3689</td><td>20.98</td><td>2735</td><td>9.4</td></tr>
<tr><td>合计</td><td>4277</td><td>24.32</td><td>3310</td><td>11.38</td></tr>
<tr><td colspan="2">合 计</td><td>11810</td><td>67.15</td><td>20433</td><td>70.26</td></tr>
<tr><td rowspan="8">褐土(B)</td><td>褐土性土(Ba)</td><td>钙质岩类褐土性土(Ba3)</td><td>0</td><td>0</td><td>0</td><td>0</td></tr>
<tr><td>淋溶褐土(Bc)</td><td>冲积淋溶褐土(Bc4)</td><td>514</td><td>2.92</td><td>191</td><td>0.66</td></tr>
<tr><td rowspan="4">褐土(Bd)</td><td>洪坡积褐土(Bd1)</td><td>1</td><td>0.01</td><td>0</td><td>0</td></tr>
<tr><td>冲积褐土(Bd4)</td><td>667</td><td>3.8</td><td>262</td><td>0.9</td></tr>
<tr><td>黄土褐土(Bd7)</td><td>2</td><td>0.01</td><td>17</td><td>0.06</td></tr>
<tr><td>合计</td><td>670</td><td>3.81</td><td>279</td><td>0.96</td></tr>
<tr><td>潮褐土(Be)</td><td>冲积潮褐土(Be4)</td><td>665</td><td>3.78</td><td>302</td><td>1.04</td></tr>
<tr><td colspan="2">合 计</td><td>1849</td><td>10.51</td><td>772</td><td>2.65</td></tr>
<tr><td rowspan="7">潮土(C)</td><td rowspan="3">潮土(Cb)</td><td>滨海潮土(Cb3)</td><td>473</td><td>2.69</td><td>1590</td><td>5.47</td></tr>
<tr><td>河潮土(Cb4)</td><td>1912</td><td>10.85</td><td>5383</td><td>18.51</td></tr>
<tr><td>合计</td><td>2385</td><td>13.56</td><td>6973</td><td>23.98</td></tr>
<tr><td rowspan="3">湿潮土(Ce)</td><td>冲积黑潮土(Ce8)</td><td>9</td><td>0.05</td><td>30</td><td>0.1</td></tr>
<tr><td>冲积湿潮土(Ce10)</td><td>102</td><td>0.59</td><td>180</td><td>0.61</td></tr>
<tr><td>合计</td><td>111</td><td>0.64</td><td>210</td><td>0.71</td></tr>
<tr><td colspan="2">合 计</td><td>2496</td><td>14.19</td><td>7183</td><td>24.7</td></tr>
<tr><td>砂姜黑土(G)</td><td>砂姜黑土(Ga)</td><td>洼坡砂姜黑土(Ga2)</td><td>1434</td><td>8.15</td><td>695</td><td>2.39</td></tr>
<tr><td colspan="3">全市合计</td><td>17589.09</td><td>100</td><td>29082.56</td><td>100</td></tr>
</table>

(一)棕壤土类

棕壤广泛分布在龙口市各地。2010 年,棕壤耕地面积为 11810hm^2,占龙口市总耕地面积的 67.15%,果园面积为 20433hm^2,占总果园面积的 70.26%。棕壤土类下分棕壤性土、棕壤、潮棕壤、灰条棕壤 4 个亚类、12 个土属、98 个土种。

棕壤土体淋溶作用较强,富铁过程明显,层次发育分明,通体棕—褐色。剖面一般分淋溶层(在耕地上为耕作层)、淀积黏化层和底土层。淋溶层经过耕作、施肥和淋溶作用,颜色带灰,质地偏轻。淀积黏化层为黏粒聚集层,由于铁、锰氧化物的侵染,呈红棕—棕褐色,质地黏重,厚度不等,一般为 60～100cm,厚者达 2m 以上,结构呈棱柱状或块状,结构面覆被红褐色—褐色的铁锰胶膜,底土层保持着成土母质的形态。土体中下部有铁锰结核。土壤反应呈微酸性,pH 为 5.5～6.5。

1. 棕壤性土亚类

棕壤性土是棕壤土类中的一种粗骨性土壤,广泛分布于南部山丘区的石质山岭、荒坡岭、岭坡梯田上。2010 年,该亚类耕地面积为 2920hm^2,占总耕地面积的 16.6%;果园面积为 7691hm^2,占总果园面积的 26.45%。棕壤性土多发育在酸性母岩的残积坡积物上,海拔在 150m 以上。基性岩和钙质岩上也有少量分布,如诸由观镇的羊岚耩等。棕壤性土的土体发育不完整,无心土层,表土层以下即为半风化母岩(酥石棚)或基岩。土体厚度一般小于 30cm,少数达到 60cm。土壤质地粗,表土层砂砾多,俗称“砂土”“石碴土”“马牙砂土”等。土层薄,砾石多,侵蚀严重,肥力低,生产性能差,是该亚类的主要特点。

棕壤性土按其基岩性质、土体厚度和表层质地,分为酸性岩类、基性岩类和钙质岩类 3 个土属、17 个土种。棕壤性土垦为农田的,大部分为坡陡地,块小、易旱,水土流失严重,生产性能差,不宜农用,应退耕还林,植树养草,发展林牧业。植树造林时,基底为酥石棚的地块,可深刨以增加土体厚度。

2. 棕壤亚类

棕壤亚类为该土类的典型,其性态特征如土类所述,所处的地形部位一般在海拔 150m 以下。主要分布在南部山丘区的沟谷梯田、坡麓梯田和近山阶地,北部的倾斜平地、微斜平地也有分布。2010 年,该亚类耕地面积为 4613hm^2,占总耕地面积的 26.23%;果园面积为 9430hm^2,占总果园面积的 32.42%。该亚类下分洪坡积、洪积、洪冲积、冲积、黄土、风积 6 个土属、59 个土种。目前,南部多种植果树,北部多种植粮油作物。

3. 灰条棕壤亚类

灰条棕壤在土体的中下部,沿裂隙或结构面出现 2～3cm 宽的灰白带蓝绿色的条纹,土体的其他部位同棕壤亚类,主要分布在下丁家镇常胜庄附近。灰条棕壤面积不大,无耕地面积,生产性能主要表现为质地黏重、耕性不良。

4. 潮棕壤亚类

潮棕壤俗称“黄土”“黑豆泥”“金豆泥”等,分布在北部平原区的倾斜平地、微斜平地,地势缓平,地面比降为 1/400～1/100,一般潜水埋深为 3～4m,有的为 5～6m,剖面下部有铁锈斑纹。土体深厚,土壤水分状况良好,土壤生产性能好,适种广,为主要粮作区,种植小麦、玉米,一年两作。2010 年,该亚类耕地面积为 4277hm^2,占总耕地面积的 24.32%;果园面积为 3310hm^2,占总果园面积的 11.38%。潮棕壤亚类下分洪冲积和冲积2个土属、21个土种。

(二)褐土土类

褐土属半干旱地区的主要土类，与棕壤呈复区存在。由于高温、高湿同时出现，黏化作用明显，剖面中一般有一黏重土层。褐土土体常有钙积层，为其主要特征。土壤反应呈中性，pH在7左右。褐土主要分布在平原区北部的微斜平地和缓平坡地，其次为山丘区坡麓地带的黄土堆积体及石灰岩区。2010年，该土类耕地面积为1849hm^2，占总耕地面积的10.51%；果园面积为772hm^2，占总果园面积的2.65%。共有4个亚类、6个土属、22个土种。

1. 褐土性土亚类

褐土性土是分布在褐土地带的薄层型粗骨性土，剖面特征与棕壤性土相似，俗称“砂土”“石碴土”等。褐土性土分布在东江街道办事处凤凰山中上部，只有钙质岩类1个土属、1个土种，未种植农作物。

2. 淋溶褐土亚类

淋溶褐土亚类主要分布在褐土亚类的边缘地带，与褐土亚类的区别是在1m土体内没有钙积层，没有石灰反应和假菌丝体。淋溶褐土亚类只有冲积1个土属、5个土种。2010年，该亚类耕地面积为514hm^2，占总耕地面积的2.92%；果园面积为191hm^2，占总果园面积的0.66%。按照土体构型，归纳为均轻壤型、厚黏心型、厚黏腰型、沙壤中层4种类型。

3. 褐土亚类

褐土亚类主要分布在徐福街道办事处、龙港街道办事处和北马镇，东江街道办事处和芦头镇也有少量分布，其性态特征如土类所述。2010年，该亚类耕地面积为670hm^2，占总耕地面积的3.81%；果园面积为279hm^2，占总果园面积的0.96%。褐土亚类下分3个土属、11个土种。按其土体构型，划分为5种类型：中层土体型、均沙质型、均壤质型、厚黏心型、厚砂姜腰型。

4. 潮褐土亚类

潮褐土亚类分布在微斜平地的较低部位，潜水埋深为2～5m，土体中下部有铁锈斑纹和铁锰结核，剖面下部有石灰淀积层，俗称“黄淤土”。潮褐土亚类有冲积1个土属、5个土种。2010年，该亚类耕地面积为665hm^2，占总耕地面积的3.78%；果园面积为302hm^2，占总果园面积的1.04%。表层质地均为轻壤、中壤，水利条件好，目前主要种植粮食作物。

(三)潮土土类

潮土土类又名“浅色草甸土”，俗称“河淤土”“淤土”“沙土”“黄沙土”等。潮土主要分布在河谷两岸和滨海滩地，直接发育在河流沉积物和海积物上，是受潜水作用形成的一类土壤。成土物质分选性好，剖面质地层次分明，同一层次的质地和色泽均匀，中下部土体有明显的铁锈斑纹，土壤反应呈微酸—微碱。潮土土类下分为潮土和湿潮土2个亚类、4个土属、52个土种。2010年，该土类耕地面积为2496hm^2，占总耕地面积的14.19%；果园面积为7183hm^2，占总果园面积的24.7%。

1. 潮土亚类

潮土亚类耕地面积为 2385hm^2，占总耕地面积的 13.56%；果园面积为 6973hm^2，占总果园面积的 23.98%。根据母质来源和分布的地理位置，分为滨海潮土和河潮土 2 个土属。

(1)滨海潮土土属：滨海潮土土属发育在海积物上，分布在海拔高程 13m 以下的滨海地带，微地貌单元为海滩地，潜水埋深为 1.5～3m，矿化度较低，为 0.11～5g/L。植被以沙生杂草为主，乔木有人工黑松林、刺槐、白杨等。滨海潮土有 16 个土种，耕地面积为 473hm^2，果园面积为 1590hm^2。耕地以种植花生、小麦、玉米为主，果园以种植葡萄、苹果为主。

(2)河潮土土属：河潮土土属直接发育在河流冲积物上，分布在河谷小平原。潜水埋深为 1～4m，土壤往往沙性大，但由于所处地形部位好、管理方便，仅有小面积用于造林苗圃，其余均开垦为农田。农田中少部分为粮田，也有种植花生的，产量较好，其余绝大部分种植葡萄、苹果等经济效益高的果树。河潮土共有土种 27 个，耕地面积为 1912hm^2，果园面积为 5383hm^2。

2. 湿潮土亚类

湿潮土亚类分布在滨海洼地。由于地势低洼，常年地下水位在 1m 左右，土体上部颜色深暗，底部经常处于水分饱和状态。湿潮土亚类下分冲积黑潮土和冲积湿潮土 2 个土属、9 个土种。2010 年，该亚类耕地面积为 111hm^2，占总耕地面积的 0.64%，果园面积为 210hm^2，占总果园面积的 0.71%。

(1)冲积黑潮土土属：冲积黑潮土土属发育在冲积母质上，潜水埋深大于 1m，为洼地，龙港街道办事处有少量分布。有的开垦为农田，用于粮作，但产量一般。该土属只有 1 个土种，耕地面积为 9hm^2，果园面积为 30hm^2。

(2)冲积湿潮土土属：冲积湿潮土土属发育于冲积母质上，潜水位为 0.5～1m，主要分布在龙港街道办事处西部和徐福街道办事处北部的沿海地带。湿潮土开垦后，受人为耕作影响，表土颜色变淡，且由于土壤物理性质较差，水、肥、气、热不协调，虽然土壤养分含量较高，但作物生长发育受限，产量一般。该土属有 8 个土种，耕地面积为 102hm^2，果园面积为 180hm^2。

(四)砂姜黑土土类

砂姜黑土主要分布在龙港街道办事处的洼地边缘，成土母质为洪积冲积物。在成土过程中，由于水文地质条件的变化，大量钙质盐类在土体内积聚，形成了灰白色的碳酸钙沉积层。土体内砂姜层之上覆有一黑土层，为砂姜黑土的剖面特征。黑土层上部的黄土覆盖层厚薄不等，分四种情况：黑土层裸露、黄土覆盖层小于 30cm、黄土覆盖层 30～60cm、黄土覆盖层大于 60cm。

砂姜黑土的两个特征层次——黑土层和砂姜层，在农业生产上起着不良作用，是障碍层次。黑土层黏重紧实，耕性不良，通透性差，虽然有时全量养分较高，但转化慢，速效性低；砂姜是碳酸钙的聚集体，有硬砂姜和面砂姜两种，其次还有未成形的碳酸钙灰白色淀积物。对于砂姜层的改良，有条件的地方可采取抽砂姜垫土的办法，其次是保护上部土层，避免砂姜层位变浅或裸露地表。

砂姜黑土开垦后，因人为耕作改变了环境条件，有机质的分解大于积累，致使表土层颜色逐渐变淡，耕作性能得以改善，主要种植粮食作物。砂姜黑土只有1个亚类、1个土属、13个土种。2010年，该土类耕地面积为1434hm²，占总耕地面积的8.15%；果园面积为695hm²，占总果园面积的2.39%。

第二节　土地利用状况

龙口市土地总面积为90104.84hm²，根据用途主要划分为三种：农用地、建设用地、其他土地。

一、农用地

农用地分为耕地、园地、林地、其他农用地，总面积为64032.32hm²，占全市土地总面积的71.07%。

(一)耕　地

耕地包括水浇地、旱地。耕地面积为17589.09hm²，占全市土地总面积的19.52%(即垦殖指数)，全部为旱作耕地，人均占有耕地0.028hm²。其中水浇地面积为16216.49hm²，占耕地面积的92.2%，分布较广；旱地面积为1372.61hm²，占耕地面积的7.8%，以分布在东南部山区为主。耕地主要分布在中部、北部及西北部水浇条件较好的平原地带，主要种植粮油、蔬菜作物，南部山区也有零星分布，主要种植花生、红薯、玉米等。

(二)园　地

全部为果园。1949年全市的果园面积仅为1000hm²，2010年增加到29082.56hm²，占全市土地总面积的32.28%，主要分布在东南部山区。

(三)林　地

林地包括森林地、灌木林地、未成林造林地及苗圃，面积为11439.79hm²，占全市土地总面积的12.7%，主要分布在荒坡岭和海滩上。

(四)其他农用地

其他农用地包括设施农用地、农村道路、坑塘水面、农田水利用地、田坎，面积为5920.88hm²，占全市土地总面积的6.57%。其中设施农用地面积为965.09hm²，农村道路面积为2322.13hm²，坑塘水面面积为1215.46hm²，农田水利用地面积为328.63hm²，田坎面积为1089.57hm²。

二、建设用地

建设用地主要包括城乡建设用地、交通水利用地和其他建设用地，总面积为20195.97hm²，占全市土地总面积的22.41%。

(一)城乡建设用地

城乡建设用地包括城镇用地、农村居民点用地、采矿用地。目前，城镇用地面积为4444.34hm²，农村居民点用地面积为10720.35hm²，采矿用地面积为331.23hm²，总面积为 15495.92hm²,占全市土地总面积的 17.2%。

(二)交通水利用地

交通水利用地包括公路、铁路、港口码头、管道运输、水库水面、水工建筑用地,总面积为 4507.71hm²,占全市土地总面积的 5%,其中公路用地面积为 1736.4hm²,铁路用地面积为 110.11hm²,港口码头用地面积为 720.09hm²,管道运输用地面积为 1.72hm²,水库水面用地面积为 1406.41hm²,水工建筑用地面积为 532.98hm²。

(三)其他建设用地

其他建设用地主要是风景名胜及特殊用地,面积为 192.34hm²,占全市土地总面积的 0.21%。

三、其他土地

其他土地主要包括水域和自然保留地,面积为 5876.55hm²,占全市土地总面积的 6.52%。

(一)水域用地

水域用地包括河流水面、滩涂用地。市境内河流皆源于南部山区,向西北曲折而行,大小河流共有 23 条,主要有黄水河、泳汶河、龙口河、北马河、八里沙河等,均为季节性河流,共占地 1573.05hm²,滩涂面积为 633.31hm²,水域用地面积为 2206.36hm²,占全市土地总面积的 2.45%。

(二)自然保留地

自然保留地主要包括其他草地、沙地、裸地,总面积为 3670.19hm²,占全市土地总面积的 4.07%。其中其他草地面积为 3012.43hm²,沙地面积为 138.57hm²,裸地面积为 519.19hm²。

当前,土地利用现状存在的主要问题是:耕地日益减少,后备资源不足,科学养地方面略显不足。1949 年,龙口市耕地面积为 46067hm²,2010 年减为 17589.09hm²。减少的耕地中,大部分因种植结构的调整转变为果园,另有小部分转变为工矿企业、城市规划、道路建设、绿化林地用地。目前,尚有小部分水浇条件差、土体薄的山堪薄地未被开垦种植。近些年来为了追求高产,大部分农田出现了重化学肥料、轻有机肥料的趋势,而且部分农民不按照作物需肥要求施肥,导致耕地养分比例失衡,科学养地方面有待提高。今后应该大力推广立体栽培、轮作换茬栽培、种植优良品种、平衡施肥、培肥地力等技术,以提高土地的生产能力和单位面积产量,增加粮食产量和提高农业经济效益,确保土地的可持续利用。

第三节 耕地利用与管理

一、耕地和果园利用现状

(一)耕作制度的改革

耕作制度,是一个地区或生产单位的农作物种植制度以及与之相适应的养地制度的综合技术体系,主要内容包括熟制、作物布局、种植方式、轮连作等种植制度。龙口市地少人多，历来有一年两作的习惯。1949 年，龙口市一年两作制的面积占总耕地面积的 50.48%，其次是两年三作制，占 30.74%，一年一作制占 18.78%。1983 年，龙口市一年两作制的面积占总耕地面积的 44.61%，其次是两年三作制，占 34.37%，一年一作制占 21.02%。进入 21 世纪后，耕地面积逐年减少，主要粮食作物 90%以上为一年两作制，有少量的花生、红薯为一年一作制。1949～1965 年，耕作制度主要包括连作耕作制、轮作耕作制、复种耕作制，粮田复种指数在 160%以上。1966～1976 年，压缩了两年三作和一年一作面积，扩大了一年两作面积，复种指数达 174%，但出现了重粮轻油的局面，导致花生单产下降，随后进行了调整，使复种指数维持在 170%左右。改革开放以后，主要是轮作耕作制、复种耕作制。目前，耕地复种指数达到 176%。

（二）种植制度的改革

种植制度包括种植结构、配置、熟制、种植方式，是随着人口和耕地的变化、社会需求的增长、生产力水平的逐步提高、科技的不断进步而发展变化的。

1. 农作物种类变化与品种更新

1950～1970 年，主要农作物和蔬菜为小麦、玉米、红薯、花生、大豆、高粱、谷子、马铃薯、大白菜、萝卜等，其中小麦、玉米占 70%左右。1970 年后，小麦、玉米的面积显著增加，平均年播种面积占总播种面积的 80%以上，花生播种面积占 10%以上。2000 年后，由于种植业结构调整，部分粮田转变为经济效益较高的果园和菜园，农作物仅以小麦、玉米为主，辅以小面积的花生和红薯。

1949～1985 年，小麦、玉米品种先后经过 4 次大的更新，红薯、花生品种先后经过3 次大的更新。改革开放之后，由于国家在农业上的投入不断增加，科研机构选育的品种更加多样化，农技部门主推其中适宜本地生产条件的、高产稳产优质新品种。

2. 农作物结构与配置变化

从表 2-3 至表 2-6 可以看出，随着时代的变迁和经济的发展，耕地面积逐年减少，果园面积逐年加大，作物单产总体上呈上升趋势。

表 2-3　　1949～2010 年龙口市农作物面积与生产情况

项　目	1949 年	1965 年	1983 年	2000 年	2010 年
耕地面积（hm^2）	46067	42399	40576	29895	17589
果园面积（hm^2）	1000	2560	5413	15066	29083
粮食总产量（t）	67875	165795	293057	260436	127026
人均占有粮食（kg）	181	372	530	418	200
化肥施用量（实物 t）	8230	13125	59820	112217	122920

表 2-4　　1949～2010 年龙口市农作物面积结构配置情况

项　目	1949 年		1965 年		1983 年		2000 年		2010 年	
	面积（hm^2）	%	面积（hm^2）	%	面积（hm^2）	%	面积（hm^2）	%	面积（hm^2）	%
农作物播种面积	74299	100	70826	100	65387	100	47788	100	25255	100
小麦	29467	39.7	28733	40.6	27747	42.4	19873	41.6	7635	30.3
玉米	18333	24.7	19733	27.9	23840	36.5	18531	38.8	9603	38
红薯	3200	4.3	5867	8.3	1973	3	936	2	832	3.3
大豆与杂粮	19533	26.3	8600	12.1	2607	4	669	1.4	183	0.7
花生	2733	3.7	5473	7.7	7827	12	3680	7.7	2706	10.7
蔬菜	1033	1.4	2420	3.4	1393	2.1	4099	8.6	4295	17
果园面积	1000		2560		5413		15066		29083	
粮经比（粮食经济）	1∶0.07		1∶0.16		1∶0.26		1∶0.57		1∶1.75	

表 2-5　　1949～2010 年龙口市农作物总产量结构配置情况

项　目	1949 年		1965 年		1983 年		2000 年		2010 年	
	总产（t）	%	总产（t）	%	总产（t）	%	总产（t）	%	总产（t）	%
粮食总产量	67875	100	165795	100	293057	100	260436	100	127026	100
小麦	30960	45.6	59370	35.8	130443	44.5	122318	47	51634	40.6
玉米	19050	28.1	78480	47.3	145885	49.8	130921	50.3	68066	53.6
红薯	5890	8.7	16855	10.2	11933	4.1	5725	2.2	6646	5.2
大豆与杂粮	11975	17.6	11090	6.7	4796	1.6	1472	0.6	680	0.5
花生总产量	4920		9396		20434		7028		10055	
蔬菜总产量	27950		95971		69824		204808		229165	
果品总产量	3290		12915		63831		246743		603000	

表 2-6　　1949～2010 年龙口市农作物单产分布情况

项　目	1949 年	1965 年	1983 年	2000 年	2010 年
粮食单产（kg/hm^2）	962	2634	5217	6509	6960
小麦（kg/hm^2）	1051	2066	4701	6155	6765
玉米（kg/hm^2）	1039	3977	6119	7065	7095
红薯（kg/hm^2）	1841	2873	6048	6116	7995
大豆与杂粮（kg/hm^2）	613	1289	1840	2200	3718

续表

项 目	1949 年	1965 年	1983 年	2000 年	2010 年
花生单产(kg/hm^2)	1800	1717	2611	1910	3720
蔬菜单产(kg/hm^2)	27057	39657	50125	49965	53356
果品单产(kg/hm^2)	3290	5045	11792	16377	20734

(1)小麦。1949 年，种植面积为 $29467hm^2$，占农作物总播种面积的 39.7%，占总耕地面积的 63.97%，平均产量只有 $1051kg/hm^2$；到 1980 年，面积一直维持在 $26667hm^2$ 以上，平均产量上升到 $4523kg/hm^2$；1999 年，平均产量为 $6990kg/hm^2$，总产量达到 139822t(历史最高纪录)；2008 年，平均产量为 $7125kg/hm^2$，为单产最高纪录；2010 年，种植面积为 $7635hm^2$，平均产量为 $6765kg/hm^2$。

(2)玉米。1965 年以前，龙口市种植面积不足 $20000hm^2$，1949 年平均产量为 $1039kg/hm^2$，1965 年平均产量为 $3977kg/hm^2$；1965 年以后种植面积有所增加，1976 年后由于套种面积扩大和一代杂交玉米种的推广普及，面积逐渐增加，至 1983 年，面积为 $23840hm^2$，平均产量为 $6119kg/hm^2$ 左右；之后和冬小麦的发展趋势一样，面积逐年缩小，2010 年面积为 $9603hm^2$。玉米品种的更新换代较小麦快，因此，平均产量提高也较快，2010 年平均单产为 $7095kg/hm^2$。

(3)红薯。1949～1962 年，种植面积基本呈增加趋势，由 1949 年的 $3200hm^2$ 增加到 1962 年的 $9200hm^2$，单产也由 $1841kg/hm^2$ 提高到 $2550kg/hm^2$ 左右；之后种植面积逐年减少，零星种植在丘陵区，2010 年种植面积只有 $832hm^2$，平均单产为 $7995kg/hm^2$。

(4)花生。1949 年面积为 $2733hm^2$，平均产量为 $1800kg/hm^2$，1949 年之后种植面积持续增加，1983 年达到 $7827hm^2$，平均单产为 $2611kg/hm^2$，2010 年种植面积为 $2706hm^2$，平均单产为 $3720kg/hm^2$。

(5)蔬菜。1949 年面积仅为 $1033hm^2$，之后略有上升，1965 年为 $2420hm^2$，改革开放后随着经济的发展、市场的活跃、日光温室等技术的推广，种植面积迅速扩大，产量大增，至 2010 年，种植面积为 $4295hm^2$，蔬菜总产量达到 229165t。

(6)果树。1980 年以前，果树品种虽然较多，但都属于零散种植，面积较少，主要以七甲镇种植的长把梨为主；改革开放之后，种植业结构迅速转变，同时引进了日本红富士苹果品种，苹果园面积持续增加，葡萄、樱桃的种植面积也逐年扩大。2010 年，龙口市果园面积为 $29083hm^2$，每年总产量可达 603000t。

(三)农业科技的发展

新中国成立初期，使用的农业工具比较单一简陋，随着社会的进步、科技的发展，机械化作业程度大大提高，机播、机收、机械喷药等的推广应用，减少了农民田间作业的时间，提高了生产效率，降低了由于工具简陋造成的肢体损伤、农药中毒等危害。农业科技的发展不仅表现在机械化程度的提高上，还表现在新技术、新品种的引进推广、普及应用上，如杂交种、早熟品种、优质专用品种的相继出现与推广应用，地膜覆盖、温室大棚的普及，化学药剂的更新和安全使用，科学平衡施肥方法的应用，适应各种作物各个生长时期需要的化肥种类的生产发展，随着气候、地力变化而不断变化的栽培技术等，无一不促进了农业的快速发展。同时不断加大农田基础设施的建设，水利设施的完善给新品种、新技术的应用提供了助力，也给标准化大面积示范园的建设提供了有利的条件。总体来说，农业依靠科技，也推动了科技，农业在科技的日新月异中迈上了一个又一个新台阶。

二、耕地和果园保养

保养主要包括耕地数量的保护、合理使用和不断培肥地力，以及对耕地地力、环境状况的监测和评价。龙口市农业历史悠久，对耕地向来十分重视，在耕地保养方面主要从两个方面入手：一是培肥地力，二是合理使用土地。培肥地力主要经历了四个时期：一是积造有机肥肥田；二是增施化肥，向土地要产量，1958 年之后普及施用化肥；三是秸秆还田，提高有机质；四是平衡施肥，进行科学合理的投入与索取。具有划时代意义的耕地保养是在第二次土壤普查以后，农民开始认识到平衡施肥对于耕地的重要性，要持续地利用土地，保证作物产量稳定提高，减少肥料的浪费，降低环境的污染，就必须依据土壤养分的丰缺、作物的需求和肥料的特性，科学合理地用地、养地。龙口市于 1980 年 10 月至 1981 年 1 月进行了第二次土壤普查工作，普查重点是耕地，同时对林、果、牧用地及荒山、滨海滩涂等也作了概略的调查。此次土壤普查，基本摸清了当地的土壤资源、土壤的物理化学性状、高产稳产田的土壤条件和低产田的面积、分布与障碍因素，为高产稳产田的建设和低产田的改良提供了依据。龙口市土壤肥料工作站在这次土壤普查之后建立了 8 个长期肥力监测点，每年都进行有机质、酸碱度、碱解氮、有效磷、速效钾的测定。测土配方施肥项目开始后，又增加了 12 个监测点。目前，龙口市共有 20 个监测点，分布在不同土类的不同作物上，可持续监测土壤养分变化情况，并适时对用地、养地工作提出建议。

目前，市内种植业布局基本是东南部山区以果树为主，西北部平原以粮食和蔬菜为主，这充分体现了因地制宜、合理使用土地的原则。东南部受地形所限，大型机械无法作业，土层较薄，粮食产量低，改种果树后既充分利用了土地，又提高了农民的收益；而西北部地形平坦，机械化程度高，土质肥沃，粮食产量高于山区，应当以稳定粮食生产为主，改革开放之后为了增加效益，扩大了蔬菜种植面积。

三、耕地和果园障碍因素

障碍因素由多方面造成，既有自身的“先天因素”，也有人为的“后天因素”。综合来看，农业用地障碍因素主要表现为有机质含量略低、部分果园土壤酸化、营养元素比例失调、不良夹层障碍和保肥水能力差。

（一）有机质含量略低

2008～2010 年的养分统计数据显示，土壤有机质含量总体略低，土壤耕层有机质平均含量为 13.6g/kg。其中粮田有机质属中等水平，平均含量为 13.8g/kg，35.14％的粮田有机质含量低于 12g/kg。果园有机质平均含量为 13.4g/kg，38.54％的果园有机质含量低于 12g/kg。今后要提高有机物质的投入量，粮田扩大秸秆还田的面积，果园增施有机肥料。

(二)部分果园土壤酸化

龙口市14.18%的粮田pH低于5.5,53.75%的粮田pH低于6.5;27.36%的果园pH低于5.5,67.82%的果园pH低于6.5。土壤偏酸是由自然因素加人为因素造成的。东南部山区的成土母质主要是酸性岩类,同时果园近年来有机肥投入严重不足,而化肥施用量大增,且以硫基复合肥为主,平原粮田区施肥量略少,因此,偏酸程度较果园轻。土壤酸化引发了一系列的生理性病害,降低了农产品的产量和品质。

(三)营养元素比例失调

有的土壤中缺乏作物生长发育必需的一种或几种营养元素,有的土壤中部分营养元素过高而部分营养元素过低,造成营养元素比例失调。一是氮、磷过高,龙口市24.12%的粮田速效氮含量高于120mg/kg,部分果园速效氮含量甚至在300mg/kg以上;65.05%的粮田速效磷含量高于30mg/kg,45.28%的果园速效磷含量高于80mg/kg,甚至部分粮田在200mg/kg以上、果园在300mg/kg以上。二是钾元素缺乏,龙口市56.01%的粮田耕层土壤速效钾含量低于120mg/kg,26.77%的果园耕层土壤速效钾含量低于150mg/kg,钾元素缺乏不仅影响了农作物的产量,而且降低了农产品的质量。三是钙元素极缺,龙口市平均为530mg/kg,粮田平均为579mg/kg,果园平均为508mg/kg,几乎全部属于八级水平。四是硼元素缺乏,龙口市平均为0.64mg/kg,粮田平均为0.59mg/kg,果园平均为0.66mg/kg,其中77.8%的粮田土壤有效硼含量低于0.5mg/kg,55.5%的果园土壤有效硼含量低于0.5mg/kg。五是锰、铁、锌、钼等元素较充足。元素含量过低会直接影响作物产量,各种作物对养分的吸收利用都有一定的要求,不同生育期的需要量也不相同,元素配比不合理势必会阻碍作物增产、农民增收。

(四)不良夹层障碍

夹黏易造成土壤通透性不良,汛期易发生土体滞水内涝,影响作物发育和田间管理;夹沙、夹砾石会造成漏肥、漏水,影响作物根系下扎;铁板沙层则严重阻碍土体水分运行和作物根系下扎,不抗旱,不抗涝;砂姜层对作物的根系也有抑制作用,严重时无根系伸入。不良夹层的耕地面积为8648.47hm^2,占总耕地面积的49.17%,果园面积为17318.74hm^2,占总果园面积的59.55%,合计占总耕地面积的55.63%。其中以夹砂姜和夹砾石面积较大,夹砂姜耕地面积为3618.07hm^2,占总耕地面积的20.57%,果园面积为6221.57hm^2,占总果园面积的21.39%;夹砾石耕地面积为2917.52hm^2,占总耕地面积的16.6%,果园面积为7697.28hm^2,占总果园面积的26.47%;夹黏耕地面积为2110.46hm^2,占总耕地面积的12%,果园面积为3399.89hm^2,占总果园面积的11.69%。近年来由于旋耕机的普及和使用,使活土层变浅,形成了新的障碍层次。

(五)保肥水能力差

岭地、梯田、近山阶地的面积占总耕地面积的44.12%。这部分地块主要分布在南部山区,坡度较大,淋溶强,水土流失严重,土层厚度较薄。龙口市土体厚度:极薄层(<15cm)的耕地面积为427hm^2,占总耕地面积的2.43%,果园面积为1627hm^2,占总果园面积的5.59%;薄层(15～30cm)的耕地面积为2496hm^2,占总耕地面积的14.19%,果园面积为5708hm^2,占总果园面积的19.63%;中层(30～60cm)的耕地面积为1369hm^2,占总耕地面积的7.78%,果园面积为3333hm^2,占总果园面积的11.46%;厚层、深厚层

(>60cm)的耕地面积为13297hm²,占总耕地面积的75.6%,果园面积为18415hm²,占总果园面积的63.32%。土层薄的耕地同时伴有质地粗糙的问题,如表层质地多为粗沙土、石碴土、马牙砂土、松沙土、紧沙土、壤质土等,它们的共同特点是砾石和沙子含量高,沙石含量一般高于30%,土体松散,粒间孔隙大,结构性差,对肥水的保蓄能力比较差。这几种质地的耕地面积为2406.13hm²,占总耕地面积的13.68%,果园面积为9107.63hm²,占总果园面积的31.32%,合计占总面积的24.66%。

四、耕地和果园施肥状况

(一)有机肥料

1. 有机肥料种类

有机肥料包括人畜禽粪尿、作物秸秆、商品有机肥、沼液等,年均资源总量约为197万吨。其中人畜禽粪尿来源广、数量大、质量高。2010年,市内畜禽排泄物总量约为180万吨,占有机肥料资源总量的91.37%,经工业化制作、沼气利用、堆积发酵等方法转化利用畜禽粪便171万吨,畜禽排泄物资源化利用率达90%。农作物秸秆总量为16.48万吨,占有机肥料资源总量的8.37%,其中直接还田的为12.96万吨,用作饲料过腹还田的约为3.52万吨。在有机肥料用量急剧下降的情况下,正是由于秸秆还田技术的推广应用,才保证了土壤粮田有机质含量不但没有降低,反而缓慢增长。商品有机肥是近十年来新出现的肥料品种,包括两类:一是有机肥,一般由畜禽粪便、农产品加工下脚料、作物秸秆等发酵加工而成,有机质含量不低于40%,还含有少量的氮、磷、钾,一般为4%~7%;二是有机无机复混肥,是有机肥和化肥的复混体。其他有机肥料包括土杂肥、沼液、沼渣、酒糟等,数量不多。

2. 有机肥料施用现状

新中国成立初期,以施用有机肥料为主。1972年后,化肥工业得到迅速发展,化肥施用量增加,有机肥料施用量减少。近年来,有机肥料施用的情况大致为:蔬菜>果园>粮田(见表2-7)。

表2-7 有机肥料施用情况调查汇总表

利用类型	作物	总样本数(个)	施用有机肥料样本数(个)	不施用有机肥料样本数(个)	施用有机肥料样本数占总样本(%)	施用有机肥料样本的平均用量(t/hm²)
粮田		2161	86	2075	3.98	21.67
其中	冬小麦	850	25	825	3.03	21.78
	花生	303	44	259	10.33	23.61
	夏玉米	873	8	865	0.92	14.41
	春玉米	135	9	126	6.67	18.33
蔬菜		193	130	63	67.36	40.09
其中	设施蔬菜	100	64	36	64	38.8
	露地蔬菜	93	66	27	70.97	41.33
果园		1886	754	1132	39.98	22.9

从有机肥料施用现状看，有机肥料施用前景不容乐观。为了使土壤有机质稳定增加，作物产量稳步上升，应当坚持有机肥料、无机肥料相结合的原则，通过各种渠道开辟有机肥源，加强秸秆综合利用，把积造有机肥料与用地、养地结合起来，保证施用有机肥料活动经常化、制度化，防止地力下降。

（二）化学肥料

1. 大量元素化学肥料

20 世纪 50 年代至 60 年代，大量元素的化肥品种比较单一，主要是硫酸铵，其次为硝酸铵，用量极少，施用纯氮量仅为 11.55～49.35kg/hm^2。1971 年开始生产氨水，1972 年过磷酸钙开始投产，1975 年碳酸氢铵投产，化肥施用量大幅度增加，纯氮由 1970 年的 39.75kg/hm^2增加到 1979 年的 196.5kg/hm^2。80 年代以后随着改革开放的发展，农民向土地投资的积极性也大大提高，不仅继续增施氮肥、磷肥，甚至部分农民争先购买货源紧缺的钾肥。目前，农民使用的主要化肥品种有尿素、磷酸二铵、硫酸钾和各种复合肥、缓控释肥等。随着种植业结构的调整，果园面积逐渐增加，施肥量也随之增加。2010 年，共用化学肥料实物量 122920.178t，按折纯计算总量为 42731.562t，其中氮肥 13049.73t、磷肥 5953.634t、钾肥 9410.034t、复合肥 14318.164t，化肥实物施用量是：氮肥＞复合肥＞钾肥、磷肥，磷肥、钾肥用量相当。根据化验结果可知，农田中的氮、磷含量较高。因此，在生产中应适当控制氮肥、磷肥的投入，增加钾肥的投入。

2. 中微量元素化学肥料

20 世纪 70 年代末至 80 年代初，龙口市农技站开始在不同作物上进行施用锌、硼、钼肥试验，发现在当时的地力和生产条件下，增产效果并不显著，因此未能大面积推广。1990 年，土肥站针对龙口市 4 种主要土类分别安排了锌、硼肥联合试验 20 处，逐步摸清了锌、硼肥在不同土类上的施用效果及合理用量。结果表明，潮土和褐土土类可单施锌或锌加硼，砂姜黑土可施锌加硼或单施硼，棕壤不需施锌肥、硼肥，锌肥可隔年施用硫酸锌 15～30kg/hm^2，硼砂为 7.5kg/hm^2。随着大量元素化学肥料施用量的增加，土壤中微量元素成为了产量限制因子，例如果园缺钙造成苦痘病、缺硼造成“花而不实”等。在这种情况下，施用中微量元素肥料增产效果显著，逐渐被农民所接受，进而得到大面积的推广应用。

中微量元素肥料种类有硝酸钙、硫酸锌、硼砂、硫酸亚铁、硫酸铜、钼酸铵等，近年来还增加了多元素矿物肥、氨基酸叶面肥，可基施、追施和叶面喷施，但以基施效果最佳。

（三）其他肥料

1. 微生物肥料

微生物肥料是活体肥料，是以微生物的生命活动使作物得到特定肥料效应的一种制品。龙口市施用微生物肥料的历史可以追溯到 20 世纪 50 年代，1951 年开始试用花生根瘤菌，1953 年进入鼎盛时期。60 年代末开始试用“5406”抗生菌肥料，70 年代初多数乡镇用泥土加豆饼接种堆制“5406”抗生菌肥料，形成了堆制、施用“5406”抗生菌肥料的高潮。后来随着施肥量的增加，土壤生产力不断得到提高，“5406”抗生菌肥料逐渐被淘汰。同期开始试用磷细菌肥料，后因磷肥的大量推广应用，也废弃不用。近年来，随着生活水平和生活质量的提高，为顺应国际市场的要求，开始积极发展绿色农业，生产无公害的绿色食品。微生物肥料与化肥配合施用，既保证了增产又减少了化肥施用量，同时还能改善土壤及作物品质，减少污染，符合生产发展的需要，因此又再度盛行。

微生物肥料有其独特性，其中有益微生物的种类、生命活动是否旺盛是其有效性的基础，而不像其他肥料，以氮、磷、钾等主要元素的形式和多少为基础。正因为微生物肥料是活制剂，所以其肥效与活菌数量、强度及周围环境条件密切相关，包括温度、水分、光照、酸碱度、营养条件及原生活在土壤中的微生物排斥作用等都有一定影响，因此，在应用时要加以注意。

2. 植物生长调节剂

20 世纪 40 年代，植物生长调节剂被广泛应用。它是具有类似植物激素活性的物质，其开发应用是发展高产、优质、高效农业的一项重要措施。植物生长调节剂的主要种类有生长素、赤霉素、乙烯、细胞分裂素、脱落酸、油菜素内酯、矮壮素、防落素等。应用较多的有：一是生长促进剂，2，4-D 酯、萘乙酸等；二是生长延缓剂，矮壮素、B9（二甲胺基琥珀酰胺酸）、壮丰安、多效唑等；三是乙烯释放剂，乙烯应用最为广泛；四是复配剂，如赤霉素、生长素、细胞分裂素三者复配，使植物生长调节剂具有了多效性。植物生长调节剂还可与杀菌剂或部分叶面肥混合使用，可达到一次用药、多重效果。

植物生长调节剂的施用方法主要是叶面喷施，其次是沟施、冲施；主要应用于果树、蔬菜，可防止幼果脱落，提高座果率，加快生长，提前成熟上市，预防营养生长过旺；在粮田上主要应用矮壮素、多效唑等，以预防小麦、玉米、花生等作物的倒伏。

（四）施肥与农作物产量的关系

肥料包括有机肥料和无机肥料两大类，是提供作物正常生长的必需营养元素和提高土壤肥力的物质。影响作物产量的因素很多，如气候、土壤肥力、作物品种、栽培措施、病虫防治、灌排等，其中水、肥是较为直接的影响因素，合理的施肥是作物增产的必要手段。

由表 2-8 可以看出，随着化肥用量增加，农作物单产也逐渐增加。农作物单产增加幅度与肥料投入相关，但是肥料投入与产出的比例不是绝对相等的。当产量达到一定的程度，随着肥料投入的继续加大，肥料利用率反而下降，氮肥的当季利用率仅有 30%左右，磷肥约为 15.6%，钾肥约为 40.8%；而有些肥料的盲目增施反而产生了不良作用，如氮肥投入过多，造成营养生长过旺，作物贪青晚熟，影响了生殖生长，降低了产量。因此，施肥应当掌握有机、无机相结合和根据作物需要合理配比的原则。

表 2-8　　龙口市 1949 年以来化肥施用纯量和农作物产量统计表

年　份	化肥施用纯量 (kg/hm^2)	小麦单产 (kg/hm^2)	玉米单产 (kg/hm^2)	花生单产 (kg/hm^2)	蔬菜单产 (kg/hm^2)	水果单产 (kg/hm^2)
1949	38	1051	1039	1800	27057	3290
1965	65	2066	3977	1717	39657	5045
1980	390	3746	5701	3020	44593	17401
1981	364	4725	4816	2613	45102	14026
1982	314	4118	4522	2287	46591	12188
1983	324	4701	6119	2611	50125	11792

续表

年　份	化肥施用纯量 (kg/hm²)	小麦单产 (kg/hm²)	玉米单产 (kg/hm²)	花生单产 (kg/hm²)	蔬菜单产 (kg/hm²)	水果单产 (kg/hm²)
1984	305	4620	5728	2531	57870	13757
1985	315	4560	3929	1818	47091	9262
1986	328	4635	5556	1002	42968	6726
1987	349	4287	4751	2002	43137	8008
1988	372	3855	4070	1209	37517	8782
1989	410	3599	4103	831	38797	7982
1990	446	3777	7618	2425	46840	5443
1991	472	5289	7673	2024	43724	6999
1992	506	5373	7237	1865	45588	13700
1993	540	5865	9839	2724	39573	16266
1994	592	5820	9574	3005	48756	15956
1995	628	5970	9322	3220	48000	16455
1996	672	6083	9396	3059	49294	17694
1997	716	6505	9008	2298	52560	17020
1998	743	6930	9286	2973	47002	17758
1999	780	6997	8761	2353	45008	18710
2000	790	6155	7065	1910	49965	16377
2001	832	6016	7200	2500	51006	17659
2002	879	5286	6900	1747	38626	10889
2003	918	6023	7190	2608	42705	13685
2004	952	5619	7200	2831	45928	16800
2005	998	6663	7289	2934	49033	18776
2006	1012	6919	7527	2907	51257	20624
2007	1062	6779	7270	3006	51318	19950
2008	1170	6900	7385	3475	52216	20830
2009	1216	7140	7215	3606	54105	22147
2010	1249	6765	7095	3720	53356	20734

（五）施肥存在的问题

第二次土壤普查之后，农民已经意识到合理施肥的重要性，但仍有部分农民为了提高产量而盲目施肥。从采样点施肥情况调查看出，施肥存在的主要问题有四点。

1. 有机肥料用量严重不足

由于化肥的当季肥效比有机肥料见效快且使用方便，同时家庭养殖业萎缩、农家有机肥源贫乏，导致有机肥料投入逐年减少，直接影响了培肥地力和农业增产。有机肥料不仅能直接供给作物各种养分，而且能改善土壤理化性状，起到培肥土壤的作用。2008～2010 年龙口市施肥情况调查结果表明，只有 3.98％的粮田、39.98％的果园施用有机肥料，施用有机肥料的地块平均用量仅为 21.67t/hm^2。有机肥料用量严重不足，带来的是土壤有机质含量偏低并增长缓慢。2008～2010 年龙口市农田土壤养分检测结果表明，土壤耕层有机质平均含量为 13.6g/kg。其中粮田有机质平均含量为 13.8g/kg，35.14％的粮田有机质含量低于 12g/kg。果园有机质平均含量为 13.4g/kg，38.54％的果园有机质含量低于 12g/kg。

2. 大量元素肥料配比不合理

根据施肥情况调查看，种植小麦、玉米粮食作物的农民习惯施肥是：基肥施用复合肥(15－15－15)600～750kg/hm^2，追肥施用尿素 225～375kg/hm^2；也有部分农民将单质肥料混合施用，但养分配比并不符合作物需求；还有部分农民为了方便，采用“一炮轰”的施肥方式，一次性将大量的肥料作为基肥施入土壤中，后期不再追肥。这些不正确的施肥习惯既浪费了养分，又满足不了作物对各种元素的需求，不仅不能提高产量，而且污染环境。

果园的施肥种类和数量都比粮田多，果园的化肥施用量是粮田的 2.7 倍，蔬菜的施肥量与果园的施肥量相当，其中设施蔬菜比露天蔬菜施肥量略大。粮田中，玉米的施肥量比冬小麦的略少，花生的氮肥施用量比小麦、玉米少一半，磷、钾施用量略少；粮田合理施用氮、磷、钾的比例为 1∶0.33∶(0.83～1.2)，在氮、磷、钾三元素使用比例上，粮田磷肥施用量偏高，而钾肥不足；蔬菜的化肥施用较为合理；果园氮、磷肥施用量略高，钾肥施用不足。不同作物的化肥用量如表 2-9 所示。

表 2-9 不同作物的化肥用量表

耕地类型	作物	化肥施用纯量(kg/hm^2)	N (kg/hm^2)	P_2O_5 (kg/hm^2)	K_2O (kg/hm^2)	氮、磷、钾施用比例
粮田		415	204	107	104	1∶0.52∶0.51
其中	小麦	448	226	115	107	1∶0.51∶0.47
	玉米	421	214	103	104	1∶0.48∶0.49
	花生	291	102	96	93	1∶0.94∶0.91
蔬菜		1084	405	286	393	1∶0.71∶0.97
其中	设施蔬菜	1096	419	295	382	1∶0.7∶0.91
	露地蔬菜	1070	390	276	404	1∶0.71∶1.04
果园		1121	456	283	383	1∶0.62∶0.84
其中	苹果	1194	474	308	412	1∶0.65∶0.87
	葡萄	1186	503	264	419	1∶0.52∶0.83
	樱桃	935	380	243	312	1∶0.64∶0.82

3. 不重视中微量元素的施用

作物对中微量元素的需要量虽然不大，但却不可缺少。生产中只有部分果农比较注重使用，大部分农民尤其是粮农对中微量元素的作用不了解，施用种类和数量特别少，即便使用也不是根据其在土壤中的丰缺情况和作物需要施用。

4. 施肥方法不合理

粮田施用基肥的习惯方式是撒施，即将复合肥（或单质化肥混匀）撒于地表，通过耕地翻于地下，近些年来也有采用机械播种、施肥一体化的；果园基肥施用方式主要是沟施。追肥方式较多：一是雨前或浇水前撒施，二是随浇水使用冲施肥，三是沟施，四是叶面喷施。不同的肥料、不同的施肥方式，肥料利用率不同，不同的作物对肥料的需求也不相同，如氮肥撒施易造成肥料挥发浪费，磷、钾肥撒施易造成被固定或淋失。科学合理的施肥方式是条施或沟施，并施后覆土，不提倡撒施或冲施。

第三章　样品采集与分析

样品采集与分析的要求是科学、严谨、有代表性、结果准确无误。为了使耕地和果园地力评价工作具有科学、准确的数据基础，对采样点的确定、采样数量的确定以及调查的内容等都制定了详细的工作计划。采样人员必须具有一定的采样经验，熟悉采样方法和要求，了解采样区域农业生产情况，采用科学布点、采样和调查技术，满足地力评价对样品代表性和数量的要求，通过样品采集、调查、分析化验等工作，获得大量的基础数据和资料，同时做好汇总工作。这对于准确把握耕地和果园的综合生产力、土壤养分及地力现状，指导耕地和果园质量保护与建设、农业结构调整规划、耕地和果园的改良与利用、生态环境建设、农民科学施肥，以及实现农业增效、农民增收，促进农业可持续发展都具有重要的作用。

第一节　土壤样品的布点与采集

一、布点原则

科学布点、准确定点是耕地和果园地力评价工作的关键环节。地力评价的布点原则是科学性与实际性相结合、现状图与现场相结合。

（一）室内布点要结合具体情况，具有代表性、均匀性

首先，整理编绘土壤图，确定不同耕地类型的土种数量，并根据密度要求确定龙口市总采样点数。其次，根据土壤类型（土种）、利用现状、肥力水平、行政区域耕地和果园面积，确定各行政区域采样点数。根据土种、利用现状（作物熟制、果树等）、肥力水平统计各因素采样点数，并进行调整。根据土种、利用现状、肥力水平，并在土壤图上标注初步计划的取土点位，以备确定采样单元。标注时要结合实际情况，注意均匀性、代表性。

（二）图上定位，现场定点

以土壤图（土种）与土地利用现状图（精确到村级）的叠加图斑为采样单元，并落实到图上。采样人员带着图到实地，在位于采样单元相对中心位置的典型地块选取适当定点取样。田间调查人员根据在图上确定的点位到田间正确使用 GPS 定位取样并记录经纬度，精确到 0.1″。坐标系统一使用北京 54 坐标，其中的 D_X、D_Y、D_Z 三个参数来源于龙口市国土资源局，按说明书设置。为保证定位精度，定位仪要由专人操作。

二、采样单元

土壤样品的采集是土壤测试的一个重要技术环节,采集有代表性的样品,是如实反映客观情况的先决条件。因此,应选择有代表性的地块采样,并根据不同分析项目采用相关的采样和处理方法。为保证土壤样品的代表性,必须采取相应技术措施控制采样误差。

耕地地力评价点平均采样单元为 26.7hm^2(平原区、大田作物每 29.6hm^2左右采 1 个混合样,丘陵区、园艺作物每 25.2hm^2左右采 1 个混合样)。为便于田间示范追踪和施肥分区需要,采样集中在典型农户,采样单元相对在中心部位,以一个 0.07～0.7hm^2的典型地块为主。

三、采样时间

采样时间为上茬作物已经基本完成生育进程即将收获或收获后、下茬作物播种前或未施肥前,以能反映采样地块的真实地力为最佳时间,一般在秋季或春季。具体采样时间为:粮油作物在播种前;菜地在主导蔬菜收获后、下茬蔬菜施基肥前;苹果、葡萄在秋季摘果后;樱桃在夏季采摘后。

四、采样点数量

要保证有足够的采样点,使之能代表采样单元的土壤特性。依据田块面积、地块形状,严格按照采样技术规程进行准确定位和规范采样,每个样品采样点数以 15～20 个为宜。

五、采样路线

采样按照随机、等量和多点混合的原则进行。对于面积较大的地块和长宽比例大的地块,一般采用“S”形布点采样,可较好地克服耕作、施肥等所造成的误差。对于地形较小、地力较均匀、采样单元面积较小的地块,采用棋盘形布点采样。采样时,要尽量避开路边、田埂、沟边、肥堆等特殊部位。

六、采样深度

采样时,上下取土需要一致。粮油作物取土深度为 0～20cm,蔬菜为 0～25cm,果树为 0～40cm。微量元素则需用不锈钢取土器采样。若用铁锹,要用竹木铲配合,把金属污染部分去掉。

七、采样方法

每个采样点的取土深度及采样量均匀一致,上层与下层比例相同。姜地、草莓地等要注意在沟、背均匀取点。取样时土钻垂直于地面入土。采用环刀法测容重,选在作物根系附近,耕层在 10～15cm、亚耕层在 30～35cm 深的位置各打 3 个环刀取土。

八、调查内容及调查表的填写

采样调查记录表是耕地地力评价的基础资料,要求记录内容真实可靠,能够准确反映相应耕地和果园的情况。填表人员在调查前认真阅读填表说明,统一培训并模拟填写,达到理解正确、掌握标准一致后,再进行野外调查工作。土壤类型、土壤质地在室内填写,到野外校验。施肥管理向田块户主询问,按表格内容逐项进行填写,漏填内容当天要补填。

九、样品重量

一个混合土样以取土 1kg 左右为宜,如果样品数量过多,可用四分法将多余的样品弃去。方法是将采集好的土壤样品放在备用的塑料布上,弄碎、混匀,铺成圆形,画对角线将土样分成四份,把对角的两份分别合并成一份,保留一份,弃去一份。如果所得的样品依然很多,可再用四分法处理,直至所需数量为止。

十、样品标记

田间采集的样品放入统一的样品袋内,同时用铅笔写好样品标签。标签内容要求填写清楚、正确,一式两份。标签内容如表 3-1 所示。

表 3-1　　土壤采样标签

统一编号________　调查组号________　采样序号________ 采样时间______年______月______日______时 作物名称________ 采样地点:山东省龙口市______镇(街)______村______地块　农户名______ 地块在村的位置(村东、村西、村南、村北、东南、东北、西南、西北) 采样深度:①0～20cm　②________ cm　该土样由______点混合 经度______度______分______秒　纬度______度______分______秒 采样人________　联系电话________　邮政编码________

第二节　土壤样品的制备

一、风干样品

田间取回的土样带回后立即放于牛皮纸上,摊成薄薄的一层,于干净整洁的室内通风处自然风干。风干过程中经常翻动土样并将大土块捏碎以加速干燥,并随时将动植物残体、石块等侵入体和铁锰结核等新生体剔除干净,细小易断的植物须根采用静电吸附的方法清除。

二、试样分析

(一)一般化学分析试样

样品风干后,用木棍碾压,压碎的土样要全部通过 2mm 孔径筛。未过筛的土粒必须重新碾压过筛,直至全部样品通过 2mm 孔径筛为止。过 2mm 孔径筛的土样用于 pH、盐分、交换性能及有效养分项目的测定。将通过 2mm 孔径筛的土样用四分法取出一部分继续研磨，使之全部通过 0.25mm 孔径筛，供有机质、全氮项目的测定。

（二）微量元素分析试样

用于微量元素分析的土样其处理方法同一般化学分析样品，但在采样、风干、研磨、过筛、运输、储存时不能接触金属器具，以避免污染。如采样、制样使用木、竹或塑料工具，过筛使用尼龙网筛等。通过 2mm 尼龙网筛的样品用于测定土壤有效态微量元素。

风干后的土样按照不同的分析要求研磨过筛，充分混匀后，装入样品瓶中，内外各放一张标签，注明编号、采样地点、土壤名称、采样深度、样品粒径、采样日期、采样人、制样人及制样时间等项目，标记好后备用。制备好的样品妥善储存，避免日晒、高温、潮湿和酸碱等气体的污染。全部分析工作结束且分析数据核实无误后，试样保存 3～12 个月，以备查询。

第三节 样品分析与质量控制

一、分析项目与方法

样品的室内分析是了解土壤理化性状的重要手段。用于项目分析的测定方法直接关系到结果的准确性。本次耕地地力评价化验分析项目共有 17 项，各项目分析方法均以国家标准或部颁标准为首选分析方法（见表 3-2）。

表 3-2 测土配方施肥调查与耕地评价样品分析项目测定方法

分析项目	执行标准	测定方法名称
pH	NY/T 1121.2—2006	玻璃电极法
有机质	NY/T 1121.6—2006	重铬酸钾—硫酸溶液—油浴法
有效磷	NY/T 148—1990	碳酸氢钠浸提—钼锑抗比色法
速效钾	NY/T 889—2004	乙酸铵浸提—火焰光度法
全氮	N NY/T 53—1987	半微量开氏法
碱解氮	LY/T 1229—1999	碱解扩散法
缓效钾	NY/T 889—2004	硝酸浸提—原子吸收法
有效铜	NY/T 890—2004	DTPA 浸提—原子吸收法
有效锌	NY/T 890—2004	DTPA 浸提—原子吸收法
有效铁	NY/T 890—2004	DTPA 浸提—原子吸收法
有效锰	NY/T 890—2004	DTPA 浸提—原子吸收法
有效钼	NY/T 1121.9—2006	草酸铵提取—等离子发射光谱
有效硼	NY/T 1121.8—2006	沸水浸提—等离子发射光谱
交换性钙	NY/T 1121.13—2006	乙酸铵交换—原子吸收法

续表

分析项目	执行标准	测定方法名称
交换性镁	NY/T 1121.13—2006	乙酸铵交换—原子吸收法
有效硅	NY/T 1121.15	柠檬酸浸提—等离子发射光谱
有效硫	NY/T 1121.14—2006	磷酸盐—乙酸浸取—等离子发射光谱

二、质量控制

(一)化验室

龙口市农产品质量检测中心承担检测任务。检测中心成立于 2005 年 1 月,编制 10 人。2005 年 5 月通过省级计量认证并获得资格证书,2012 年取得农业部"测土配方标准实验室"资格证书,其质量方针是:科学、公正、准确、高效。检测人员全部经过严格的专业培训,实行持证上岗。

检测中心不断加大硬件设施建设,配有紫外分光光度仪、原子吸收分光光度计等先进检测设备。2009 年,改造扩建化验室 450m^2,建设室内外的配套工程,购置仪器 70 台(套)。购置了大型先进检测仪器——等离子发射光谱仪,大大提高了检测效率和检测精度。此外,还购置了一批进口仪器,如微波消解仪、紫外分光光度计、定氮仪等,固定资产达到 600 万元以上。

(二)质量控制措施

样品检测结果的准确与否直接关系到耕地和果园地力评价的准确性,为了保证数据准确可靠,化验室人员对仪器、试剂及标准物质进行了严格管理,采用平行试验、同行化验室之间的比对、再现性试验以及空白试验等手段控制精密度,减少误差。

1. 仪器设备的使用

所有使用的设备都贴有合格(绿色)、准用(黄色)计量标志。化验室人员经过专业培训,持证上岗,且了解仪器性能和特点,掌握操作方法,能够正确选用量程和精度。大型和复杂设备的使用人员经过专门技术培训,获得相应操作技术资格证书后,方可上机操作。

2. 试剂及标准物质的管理

试剂采购回来后,按物品的技术参数进行验收。标准溶液按说明书规定的条件使用,按标准溶液最小取样量规定取样,用原包装瓶保存,只准取出,不准倒回,并且注意保质期;标准溶液的配制、标定符合 GB/T 601－604 的有关规定、要求,且其平均值和标准差作为日常分析工作的参比值。

3. 同行化验室间的比对

积极参加同行化验室间的比对试验,并协助解决比对中出现的各种问题。按照比对方案的要求或规定对盲样进行检测,并认真、详细地做好检测记录。按方案要求格式及内容,打印比对报告。

4. 坚持平行试验、再现性试验,控制精密度,减少随机误差

对控制样品进行多次重复测定,由所得结果计算出控制样品的平均值 X 和标准差

S,绘制精密度控制图。在进行试样例行分析时,每批带入控制样品,其测定数据在控制图上打点。如果打在控制线外,确定为超控,该批结果全部为错误结果,必须立即找出原因,并采取适当措施修正,等回控后再重复测定。如果控制样品的结果落在控制线和警戒线之间,说明精密度已不理想,应引起注意。

5. 全程序空白值试验

全程序空白值是指用一种方法测定某物质时,除样品中不含该测定物质,整个分析过程的全部因素引起的测定信号值或相应浓度值。每次测定两个平行样品,用于校正仪器零点或检查结果是否在允许范围内。

三、样品分析测试情况

2008～2010 年,共采集土壤样点 5147 个,参与耕地和果园地力评价的土壤样点 1750 个。其中粮田样点 470 个,蔬菜样点 124 个,果园样点 1156 个。对土壤样品的 pH、有机质、全氮、有效磷、速效钾、缓效钾、有效锌、水溶态硼、有效硅、有效钼、有效铜、有效铁、有效锰、交换性钙、交换性镁、有效硫、碱解氮 17 项指标进行了化验分析,其中 pH 1750 个,有机质 1750 个,全氮 679 个,有效磷 1750 个,缓效钾 658 个,速效钾 1750 个,有效锌 949 个,水溶态硼 946 个,有效硅 656 个,有效钼 656 个,有效铜 661 个,有效锰 661 个,有效铁 661 个,交换性钙 664 个,交换性镁 664 个,有效硫 652 个,碱解氮 1750 个,共完成检测 17257 项次。另外,还对 206 个样点进行了土壤容重测定。通过系统分析汇总,充分掌握了龙口市土壤理化性状,为龙口市耕地和果园地力评价工作奠定了可靠的基础。

第四章 土壤理化性状及评价

本次耕地地力评价针对龙口市耕地和果园的耕层土壤理化性状，从不同质地、土类、利用类型、区域状况等方面进行了统计分析，找出了高产土壤适宜的氮、磷、钾配比及低产土壤的限制因素，为合理施肥、农作物高产稳产及用地养地、培肥土壤等方面提供了科学依据。

市内南部、东南部主要是低山丘陵，利用类型以果园为主，另外还有一部分粮田。中部、北部、西北部和东北部主要是平原区，利用类型以粮田、蔬菜地和果园为主。土壤理化性状中，酸碱度整体上为中性到微酸性，部分地块 pH 表现为下降趋势，铁、锰、铜、锌、磷、硫含量丰富，有机质、速效氮、速效钾、有效硼、有效钼含量为中等水平，钙、镁缺乏。南部山区硅含量为中等水平，硼、钼含量为中等偏下水平；北部平原硅含量丰富，硼、钼含量为中等水平。

土壤有机质、全氮、碱解氮、有效磷等项目以表 4-1 耕层土壤养分含量分级为标准（山东省土肥站提供），土壤测试数据如表 4-2 所示。

表 4-1　　　　耕层土壤养分含量分级标准

级　别	1	2	3	4	5	6	7	8	9
有机质(g/kg)	>20	15～20	12～15	10～12	8～10	6～8	<6		
全氮(g/kg)	1.5	1.2～1.5	1～1.2	0.75～1	0.5～0.75	0.3～0.5	<0.3		
碱解氮(mg/kg)	>150	120～150	90～120	75～90	60～75	45～60	30～45	<30	
有效磷(mg/kg)	>120	80～120	50～80	30～50	20～30	15～20	10～15	5～10	<5
速效钾(mg/kg)	>300	200～300	150～200	120～150	100～120	75～100	50～75	<50	
缓效钾(mg/kg)	>1200	900～1200	750～900	500～750	300～500	<300			
pH	>8.5	7.5～8.5	6.5～7.5	5.5～6.5	4.5～5.5	<4.5			
有效铜(mg/kg)	>1.8	1～1.8	0.2～1	0.1～0.2	<0.1				
有效锌(mg/kg)	>3	1～3	0.5～1	0.3～0.5	<0.3				
有效硼(mg/kg)	>2	1～2	0.5～1	0.2～0.5	<0.2				
有效铁(mg/kg)	>20	10～20	4.5～10	2.5～4.5	<2.5				
有效锰(mg/kg)	>30	15～30	5～15	1～5	<1				

续表

级　别	1	2	3	4	5	6	7	8	9
有效钼(mg/kg)	>0.3	0.2～0.3	0.15～0.2	0.1～0.15	<0.1				
有效硫(mg/kg)	>100	75～100	60～75	45～60	30～45	15～30	<15		
交换性钙(mg/kg)	>6000	4000～6000	3000～4000	2500～3000	2000～2500	1500～2000	1000～1500	500～1000	<500
交换性镁(mg/kg)	>600	400～600	300～400	250～300	200～250	150～200	<150		
有效硅(mg/kg)	>300	200～300	150～200	100～150	50～100	<50			

表 4-2　　土壤测试数据汇总

项　目	耕　地			粮　田			
	平均值	标准差	变异系数	样本数(个)	平均值	最小值	最大值
全氮(g/kg)	1.08	0.27	25	151	1.07	0.43	1.76
碱解氮(mg/kg)	105	30.01	28.58	1107	103	39	188
有效磷(mg/kg)	50.8	34.32	67.56	1107	41.4	2.9	104.8
速效钾(mg/kg)	141	70	49.65	1107	130	39	392
缓效钾(mg/kg)	872	214.08	24.55	146	835	446	1820
pH	6.8			1107	6.9	4.7	8.2
有机质(g/kg)	14	3.68	26.29	1107	13.8	5	28.2
有效铜(mg/kg)	3.95	2.02	51.14	157	3.74	1.01	10.49
有效锌(mg/kg)	4.24	1.92	45.28	144	4.13	0.25	7.35
有效铁(mg/kg)	111.81	52.31	31.13	143	106.87	19.18	209.05
有效锰(mg/kg)	107.64	33.51	46.78	140	109.79	14.3	155.46
有效硼(mg/kg)	0.61	0.25	40.98	206	0.59	0.27	1.51
交换性钙(mg/kg)	558	213.77	38.31	167	579	93	1031
交换性镁(mg/kg)	186	49.94	26.85	167	193	59	306
有效硫(mg/kg)	141.7	86.11	60.77	148	149.8	25.3	574.6
有效钼(mg/kg)	0.23	0.21	91.3	150	0.24	0.02	1.72
有效硅(mg/kg)	232.22	132.5	57.06	151	233.46	17.5	577.32

续表

项 目	蔬菜地				果树地			
	样本数（个）	平均值	最小值	最大值	样本数（个）	平均值	最小值	最大值
全氮(g/kg)	37	1.13	0.77	1.76	213	1	0.28	2.26
碱解氮(mg/kg)	184	116	29	187	1886	100	32	189
有效磷(mg/kg)	184	106.9	13.3	194.8	1886	82	6.3	284.2
速效钾(mg/kg)	184	206	80	595	1886	182	76	660
缓效钾(mg/kg)	37	1017	716	1632	205	933	103	2274
pH	184	6.8	5.1	7.7	1886	5	4.4	8.3
有机质(g/kg)	184	15.4	6.9	25.6	1886	13.4	3	33
有效铜(mg/kg)	41	4.75	1.06	10.22	186	5.44	0.96	10.48
有效锌(mg/kg)	26	4.88	0.09	7.3	195	4.25	0.03	7.35
有效铁(mg/kg)	35	132.02	46.3	209.2	272	110.02	6.1	209.81
有效锰(mg/kg)	52	101.86	10.35	156.73	343	95.48	3.95	156.62
有效硼(mg/kg)	48	0.69	0.17	1.66	329	0.66	0.13	2.14
交换性钙(mg/kg)	41	474	23	833	259	508	31	1048
交换性镁(mg/kg)	41	156.61	34.4	323.4	259	177	38	328
有效硫(mg/kg)	30	101.4	19.8	276.5	204	154.3	15.8	817.1
有效钼(mg/kg)	30	0.14	0.03	0.41	203	0.16	0.02	0.72
有效硅(mg/kg)	205	168.86	14.91	759.6	30	225.94	57.9	539.3

注：pH 平均值用众数表示。

第一节 土壤 pH 和有机质

一、土壤 pH

土壤 pH 反映的是土壤酸碱度，是土壤形成过程中综合因子作用的结果，虽然不属于土壤养分范畴，但是土壤酸碱度参与土壤的许多化学反应，直接影响作物的生长发育，是判断土壤肥力的重要指标之一。土壤的酸碱度对土壤养分的转化，特别是对磷和微量元素的有效性有较大的影响。pH 为 6.5～7.5 的土壤为中性。pH 越小，说明土壤越酸，pH 越大，说明土壤越碱。在低 pH 的土壤或石灰性土壤中，磷常被铁、铝和钙固定为无效态。土壤过酸和过碱均不利于有益微生物的活动，从而影响到土壤中氮、磷等营养元素的释放。

（一）耕层土壤 pH 分级及面积

南部山区的七甲镇、石良镇等地的主要土壤类型是棕壤，1980 年第二次土壤普查时

pH 变化范围为 5.8～6.8，属于微酸性至中性土壤，而本次地力评价统计显示，这部分地区 pH 为 5.2～7.2，呈下降趋势；北部平原区的经济开发区、龙港街道办事处、徐福街道办事处等地因受潜水影响，土壤类型为潮土、砂姜黑土等，pH 普遍偏高，第二次土壤普查时的 pH 变化范围为 7.5～8.2，属于微碱性土壤，而目前这一带耕地土壤 pH 变化范围为 5～7.9，也呈下降趋势。

龙口市大部分耕地土壤 pH 为 5.5～7.5，属 3、4 级，分别占总耕地面积的 30%、62.46%；pH 为 4.5～5.5 的耕地面积为 802.06hm^2，占总耕地面积的 4.56%；pH 在 2 级水平的耕地面积仅占总耕地面积的 2.98%。大部分果园土壤 pH 为 3、4 级，分别占总果园面积的 25.74%、64.64%；pH 为 4.5～5.5 的果园面积为 1897.88hm^2，占总果园面积的 6.53%；pH 在 2 级水平的果园仅占总果园面积的 3.09%（见表 4-3）。

表 4-3　耕地与果园耕层土壤 pH 分级及面积

级别	1	2	3	4	5	6
范围	>8.5	7.5～8.5	6.5～7.5	5.5～6.5	4.5～5.5	≤4.5
耕地面积（hm^2）	0	524.15	5276.73	10986.15	802.06	0
百分比（%）	0	2.98	30	62.46	4.56	0
果园面积（hm^2）	0	897.3	7489.09	18798.29	1897.88	0
百分比（%）	0	3.09	25.74	64.64	6.53	0

（二）不同利用类型耕层土壤 pH

粮田耕层土壤 pH 变化范围为 4.7～8.2，众数为 6.9，其中 79.68% 集中在 5.5～7.5；果园土壤 pH 变化范围为 4.4～8.3，众数为 5，其中 95.98% 集中在 4.5～7.5；蔬菜地土壤 pH 变化范围为 5.1～7.7，众数为 6.8，其中 92.93% 集中在 5.5～7.5（见表 4-4）。

表 4-4　不同利用类型耕层土壤 pH 及分布

项目		分级						众数	最小值	最大值
		4.4～4.5	4.5～5.5	5.5～6.5	6.5～7.5	7.5～8.5	合计			
粮田	样本数（个）	0	157	438	444	68	1107	6.9	4.7	8.2
	百分比（%）	0	14.18	39.57	40.11	6.14	100			
果园	样本数（个）	1	515	763	532	75	1886	5	4.4	8.3
	百分比（%）	0.05	27.31	40.46	28.21	3.98	100			
蔬菜地	样本数（个）	0	10	90	81	3	184	6.8	5.1	7.7
	百分比（%）	0	5.43	48.91	44.02	1.63	100			

（三）主要作物适宜的土壤 pH 范围

不同作物对土壤酸碱性的适应性有很大差异，但大部分作物适宜在微酸性至中性土壤条件下生长，即 pH 为 5.5～7.5（见表 4-5）。

表 4-5 主要农作物适宜的 pH 范围

作 物	适宜 pH 范围	作 物	适宜 pH 范围
小麦、玉米、大豆	5.5～7	黄瓜、番茄	5.5～6.5
花生	6.5～7.5	大姜	5～7
苹果、梨、葡萄	5.5～7.5	草莓	5.5～6.5

土壤 pH 偏低，可对作物的生长（特别是豆科作物）和土壤微生物的活动产生极为不利的影响。强酸性的土壤既降低了肥料的利用率，又降低了作物的产量，还影响了农产品的品质。地力评价统计结果显示，22.34％的梨树地、25.49％的苹果地、27.85％的葡萄地、13.43％的大樱桃地、6.03％的麦田、24.49％的玉米田 pH 低于 5.5。粮田土壤 pH 下降现象最轻，可能与连续多年的秸秆还田有关。

（四）影响土壤酸碱度的因素

土壤 pH 下降是指土壤内部产生和外部输入的氢离子引起土壤 pH 降低和盐基饱和度减小的缓慢的自然过程。引起土壤 pH 下降的因素主要有成土母质、施肥、灌溉和酸沉降等。近些年来，由于人为活动的影响，土壤的 pH 下降进程加快。

据调查，龙口市土壤 pH 下降的主要原因有两方面：一方面是自然成土因素。龙口市土壤成土母质多为酸性岩的风化物，且降水集中，盐基淋失程度较高，加上一定程度的酸沉降，直接影响土壤 pH 下降。另一方面是农田施肥不当引起土壤 pH 下降。一是过量施用化肥。连年过量施用化肥是造成土壤 pH 下降的最直接、最主要的原因。目前所用的化肥，大部分为酸性或生理酸性，连年施用后，土壤中的阳离子不断地被代换、吸收、淋洗，使土壤中的氢离子逐步增多，导致土壤酸化。二是轻视有机肥的施用。龙口市在农业生产用肥上，一改过去的以有机肥为主，变为以化肥为主，有的地块甚至是完全施用化肥。有机肥用量严重不足，平均用量仅为 4.71t/hm^2，这也是导致土壤 pH 下降的一个重要原因。因为有机肥能增加土壤的缓冲性能，对土壤酸碱度的升降有缓冲、调控作用。

（五）土壤酸碱性对土壤养分有效性的影响

土壤酸碱性通过影响矿质盐分的溶解度而影响养分的有效性，土壤中大、中、微量元素的有效性均随土壤溶液酸碱度的不同而发生着明显的变化。同时，土壤酸碱性还制约微生物的活动，对有机质的矿化过程也有一定的影响。有机质在酸性条件下分解较慢，以中性和微碱性最适宜。固氮根瘤菌在 pH 降至 6 以下时，固氮能力明显下降。土壤酸碱性对磷酸盐的形态和有效性影响较大。土壤 pH 低于 5.5 时，铝离子增多，重金属锰释放，钾、钙、镁等盐基离子流失，磷酸根与铁、铝结合形成闭蓄态磷酸铁、铝而失去有效性。土壤 pH 在 5.6～7 的范围内时，磷酸盐的有效性最大。土壤酸碱性也影响着钾的吸附量，酸性土和盐基饱和度低的土壤其交换性钾含量低于中性土和盐基饱和度高的土壤。土壤酸碱性对土壤微量元素的有效性影响非常明显，钼的有效性随土壤 pH 的降低而减小，硼的有效性在 pH 的一定范围内随 pH 的升高而增加，铁、锰、锌的有效性随 pH 的降低而增加。

二、土壤有机质

土壤有机质是土壤的重要组成部分，与土壤的发生演变、理化性状和肥力水平都有密切的关系。土壤有机质含有作物生长所需的各种养分，可直接或间接地为作物生长提供氮、磷、钾、钙、镁、硫和各种微量元素，其多少直接影响土壤结构形成及通透性、缓冲性、交换性能和保水、保肥性等理化性状，是评价耕地地力的重要指标。对耕作土壤来说，培肥的中心环节就是增施各种有机肥，实行秸秆还田，保持和提高土壤有机质含量。

(一)耕层土壤有机质含量及分级

土壤有机质的积累与矿化是土壤与生态环境之间物质和能量循环的一个重要环节。地力评价统计结果显示，龙口市耕地土壤有机质平均含量为 14g/kg，与第二次普查时相比，增加了 3.7g/kg。大部分为 2～4 级，分别占总耕地面积的 25.42%、48.11%、18.77%。大部分果园有机质含量为 3、4 级，分别占总果园面积的 48.71%和 26.73%(见表 4-6)。

表 4-6　耕地与果园耕层土壤有机质含量分级及面积

级　别	1	2	3	4	5	6	7
范围(g/kg)	>20	15～20	12～15	10～12	8～10	6～8	≤6
耕地面积(hm^2)	186.44	4471.15	8462.11	3301.47	990.27	177.65	0
百分比(%)	1.06	25.42	48.11	18.77	5.63	1.01	0
果园面积(hm^2)	130.76	4068.33	14168.99	7772.81	2375.98	545.39	20.3
百分比(%)	0.45	13.99	48.71	26.73	8.17	1.88	0.07

(二)不同利用类型有机质含量

不同利用类型土壤有机质含量的差异是人类活动对土壤影响的集中体现。龙口市有机质平均含量：粮田为 13.8g/kg，变化范围为 5～28.2g/kg，89.16%集中在 8～20g/kg；果园为 13.4g/kg，变化范围为 3～33g/kg，88.12%集中在 8～20g/kg；蔬菜地为 15.4g/kg，变化范围为 6.9～25.6g/kg，72.29%集中在 12～20g/kg(见表 4-7)。

表 4-7　不同利用类型耕层土壤有机质含量

项目		分级(g/kg)								平均值(g/kg)	最小值(g/kg)	最大值(g/kg)
		3～6	6～8	8～10	10～12	12～15	15～20	20～33	合计			
粮田	样本数(个)	6	50	124	209	333	321	64	1107	13.8	5	28.2
	百分比(%)	0.54	4.52	11.2	18.88	30.08	29	5.78	100			

续表

项目		分级(g/kg)								平均值(g/kg)	最小值(g/kg)	最大值(g/kg)
		3～6	6～8	8～10	10～12	12～15	15～20	20～33	合计			
果园	样本数(个)	51	100	223	353	636	450	73	1886	13.4	3	33
	百分比(%)	2.7	5.3	11.82	18.72	33.72	23.86	3.87	100			
蔬菜地	样本数(个)	0	3	9	16	65	68	23	184	15.4	6.9	25.6
	百分比(%)	0	1.63	4.89	8.7	35.33	36.96	12.5	100			

(三)增加土壤有机质含量的途径

土壤有机质的含量取决于年合成量和年矿化量的相对大小,当合成量大于矿化量时,有机质含量会逐步增加,反之将会逐步降低。土壤有机质矿化量主要受土壤温湿度、通气状况、有机质含量等因素影响。通常,土壤温度低、通气性差、湿度大时,矿化度较低;相反,土壤温度高、通气性好、湿度适中时,矿化度较高。农业生产中应注意创造条件,减少土壤有机质矿化量。保护地栽培条件下,土壤长期处于高温多湿条件,有机质易矿化,含量提高缓慢,这是有机质含量偏低的一个主要原因。适时通风降温,减少盖膜时间,将有利于土壤有机质的积累。

增加有机物质施入量是人为增加土壤有机质含量的主要途径,其方法主要有秸秆还田、增施有机肥和施用有机-无机复混肥。

第二节 土壤大量营养元素

一、土壤氮素

(一)土壤全氮

土壤中的氮素主要以有机态存在,约占土壤全氮量的90%。而这些含量的土壤氮素主要以大分子化合物的形式存在于土壤全氮中,作物很难吸收利用,属迟效性氮。其余部分则以小分子有机态或铵态、硝态和亚硝态等形式的无机态存在,一般占土壤全氮含量的10%以下,可以被作物直接吸收利用。

1. 耕层土壤全氮含量及分级

龙口市土壤全氮平均含量耕地为1.08g/kg,比1980年增加了68.8%,大部分为3、4级水平,分别占总耕地面积的37.74%、35.55%,其次是2级,占18.62%,6级的面积最小,仅占0.1%。大部分果园全氮含量为3、4级水平,分别占总果园面积的35.98%和41.61%,其次是2级,占11.46%,而含量为6级的果园面积仅占总果园面积的0.02%(见表4-8)。

表 4-8　耕地与果园耕层土壤全氮含量分级及面积

级　别	1	2	3	4	5	6	7
范围(g/kg)	＞1.5	1.2～1.5	1～1.2	0.75～1	0.5～0.75	0.3～0.5	≤0.3
耕地面积(hm^2)	297.26	3275.09	6638.12	6252.92	1108.11	17.59	0
百分比(%)	1.69	18.62	37.74	35.55	6.3	0.1	0
果园面积(hm^2)	459.6	3333.71	10463.91	12100.45	2719.22	5.67	0
百分比(%)	1.58	11.46	35.98	41.61	9.35	0.02	0

2. 不同利用类型耕层全氮含量

龙口市平均含量：粮田为 1.07g/kg，变化范围为 0.43～1.76g/kg，92.72%集中在 0.52～1.46g/kg；果园为 1g/kg，变化范围为 0.28～2.26g/kg，87.33%集中在 0.5～1.49g/kg；蔬菜地为 1.13g/kg，变化范围为 0.77～1.76g/kg，94.59%集中在 0.77～1.46g/kg(见表 4-9)。

表 4-9　不同利用类型耕层土壤全氮含量

项　目		分级(g/kg)							平均值(g/kg)	最小值(g/kg)	最大值(g/kg)
		0.28～0.5	0.5～0.75	0.75～1	1～1.2	1.2～1.5	1.5～2.26	合计			
粮田	样本数(个)	4	17	34	51	38	7	151	1.07	0.43	1.76
	百分比(%)	2.65	11.26	22.52	33.77	25.17	4.64	100			
果园	样本数(个)	11	36	75	46	29	16	213	1.00	0.28	2.26
	百分比(%)	5.16	16.9	35.21	21.6	13.62	7.51	100			
蔬菜地	样本数(个)	0	0	14	9	12	2	37	1.13	0.77	1.76
	百分比(%)	0	0	37.84	24.32	32.43	5.41	100			

(二)土壤碱解氮

土壤中铵态氮和硝态氮是可被作物直接吸收的无机态氮，也称为“速效氮”，通常用碱解法测定其含量，故又称为“碱解氮”，它的含量水平常作为衡量土壤供氮水平的指标。耕地土壤碱解氮含量与全氮量呈显著的正相关关系，但受人为施肥的影响较大。

1. 耕层土壤碱解氮含量及分级

龙口市耕地平均含量为 105mg/kg，是第二次普查时的 1.84 倍。其中，0.55%的为 6、7 级水平，属于严重缺氮；5.59%的为 5 级，属于缺氮水平；17.36%的为 4 级，属于中等水平；76.5%的为 1～3 级，属较高水平。果园碱解氮主要集中在 3、4 级，分别占总果园面积的42.94%和24.59%(见表4-10)。

表4-10　　耕地与果园耕层土壤碱解氮含量分级及面积

级　别	1	2	3	4	5	6	7	8
范围(mg/kg)	>150	120～150	90～120	75～90	60～75	45～60	30～45	<30
耕地面积(hm^2)	1574.22	4089.46	7791.97	3053.47	983.23	93.22	3.52	0
百分比(%)	8.95	23.25	44.3	17.36	5.59	0.53	0.02	0
果园面积(hm^2)	1305.81	4045.39	12488.05	7151.4	3661.49	398.43	31.99	0
百分比(%)	4.49	13.91	42.94	24.59	12.59	1.37	0.11	0

2. 不同利用类型耕层土壤碱解氮含量

龙口市平均含量：粮田为103mg/kg，变化范围为39～188mg/kg，88.07%集中在60～150mg/kg；果园为100mg/kg，变化范围为32～189mg/kg，98.21%集中在46～189mg/kg；蔬菜地为116mg/kg，变化范围为29～187mg/kg，89.12%集中在59～187mg/kg(见表4-11)。

表4-11　　不同利用类型耕层土壤碱解氮含量

项目		分级(mg/kg)									平均值(mg/kg)	最小值(mg/kg)	最大值(mg/kg)
		29～30	30～45	45～60	60～75	75～90	90～120	120～150	150～189	合计			
粮田	样本数(个)	0	5	38	151	221	425	178	89	1107	103	39	188
	百分比(%)	0	0.45	3.43	13.64	19.96	38.39	16.08	8.04	100			
果园	样本数(个)	0	34	171	293	367	575	234	212	1886	100	32	189
	百分比(%)	0	1.8	9.07	15.54	19.46	30.49	12.41	11.24	100			
蔬菜地	样本数(个)	1	0	6	13	26	59	41	38	184	116	29	187
	百分比(%)	0.54	0	3.26	7.07	14.13	32.07	22.28	20.65	100			

二、土壤有效磷

耕层土壤中的磷一般以无机磷和有机磷两种形态存在，通常有机磷占全磷的20%～50%，无机磷占全磷的50%～80%。无机形态磷中易溶性磷酸盐及土壤胶体吸附的磷酸根离子和有机形态磷中易矿化的部分，被称为“土壤有效磷”，占土壤总磷量的10%左右。土壤有效磷含量高低是衡量土壤肥力水平的重要指标。

(一)耕层土壤有效磷含量及分级

龙口市耕地平均含量为50.8mg/kg,是第二次普查时的6.27倍,属于3级水平,变化范围为2.9～194.8mg/kg。其中,0.35%的为7、8级,属于缺磷水平;0.46%的为6级,属于低磷水平;3.63%的为5级,属于中等水平;95.56%的为丰富水平。果园有效磷主要集中在2～4级水平,分别占总果园面积的24.68%、43.44%、24.56%(见表4-12)。

表4-12　耕地与果园耕层土壤有效磷含量分级及面积

级　别	1	2	3	4	5	6	7	8	9
范围(mg/kg)	>120	80～120	50～80	30～50	20～30	15～20	10～15	5～10	<5
耕地面积(hm^2)	620.89	3990.96	8008.33	4187.96	638.48	80.91	58.04	3.52	0
百分比(%)	3.53	22.69	45.53	23.81	3.63	0.46	0.33	0.02	0
果园面积(hm^2)	1085.14	7178.57	12628.87	7143.8	896.98	128.11	21.09	0	0
百分比(%)	3.73	24.68	43.44	24.56	3.08	0.44	0.07	0	0

(二)不同利用类型耕层土壤有效磷含量

不同利用类型土壤中,有效磷含量差异较大。龙口市平均含量:粮田为41.4mg/kg,变化范围为2.9～104.8mg/kg,99.38%集中在5～104.8mg/kg;果园为82mg/kg,变化范围为6.3～284.2mg/kg,92.15%集中在30.1～284.2mg/kg;蔬菜地为106.9mg/kg,变化范围为13.3～194.8mg/kg,94.03%集中在50.3～194.8mg/kg(见表4-13)。

表4-13　不同利用类型耕层土壤有效磷含量及分级

项　目		分级(mg/kg)										平均值(mg/kg)	最小值(mg/kg)	最大值(mg/kg)
		<5	5～10	10～15	15～20	20～30	30～50	50～80	80～120	>120	合计			
粮田	样本数(个)	7	48	63	77	192	374	268	78	0	1107	41.4	2.9	104.8
	百分比(%)	0.63	4.34	5.69	6.96	17.34	33.79	24.21	7.05	0	100			
果园	样本数(个)	0	7	25	26	90	331	553	478	376	1886	82.0	6.3	284.2
	百分比(%)	0	0.37	1.33	1.38	4.77	17.55	29.32	25.34	19.94	100			
蔬菜地	样本数(个)	0	0	1	0	3	7	36	74	63	184	106.9	13.3	194.8
	百分比(%)	0	0	0.54	0	1.63	3.8	19.57	40.22	34.24	100			

三、土壤钾素

土壤中的钾一般分为矿物态钾、缓效钾和速效钾三部分。矿物态钾占土壤全钾的95%左右,存在于矿物晶格如钾长石、云母中,在短期内不能被作物吸收利用,只能经过物理、化学过程被缓慢释放,以补充缓效性钾和速效性钾。

缓效钾主要是指 2∶1 型层状硅酸盐矿物层间和颗粒边缘的一部分钾,通常占全钾的5%左右,一定条件下可以释放出来被作物吸收利用,与作物吸收钾有密切关系。

速效钾包括被土壤胶体吸附的钾和土壤溶液中的钾,一般占全钾的 1%～2%,能在短期内被作物吸收利用。

(一)土壤缓效钾

1. 耕层土壤缓效钾含量及分级

龙口市土壤缓效钾平均含量粮田为 872mg/kg,属 3 级水平,变化范围为 446～1820mg/kg,主要集中在 2、3 级水平,占总耕地面积的 78.39%,4 级的占 16.38%,1 级的占 5.17%,5 级的仅占 0.06%。果园缓效钾含量主要分布在 3、4 级,分别占总果园面积的 46.99%和 28.61%(见表 4-14)。

表 4-14　耕地与果园耕层土壤缓效钾含量分级及面积

级　别	1	2	3	4	5	6
范围(mg/kg)	>1200	900～1200	750～900	500～750	300～500	≤300
耕地面积(hm^2)	909.36	8240.49	5547.6	2881.09	10.55	0
百分比(%)	5.17	46.85	31.54	16.38	0.06	0
果园面积(hm^2)	31.99	2963.52	13665.89	8320.52	4100.64	0
百分比(%)	0.11	10.19	46.99	28.61	14.1	0

2. 不同利用类型耕层土壤缓效钾含量

龙口市平均含量:粮田为 835mg/kg,变化范围为 446～1820mg/kg,95.2%集中在543～1191mg/kg;果园为 933mg/kg,变化范围为 103～2274mg/kg,96.57%集中在 509～1861mg/kg;蔬菜地为 1017mg/kg,变化范围为 716～1632mg/kg,全部集中在 716～1632mg/kg(见表 4-15)。

表 4-15　不同利用类型耕层土壤缓效钾含量

项　目		分级(mg/kg) 103～300	300～500	500～750	750～900	900～1200	1200～2274	合计	平均值(mg/kg)	最小值(mg/kg)	最大值(mg/kg)
粮田	样本数(个)	0	2	51	47	41	5	146	835	446	1820
	百分比(%)	0	1.37	34.93	32.19	28.08	3.42	100			

续表

项目		分级(mg/kg) 103～300	300～500	500～750	750～900	900～1200	1200～2274	合计	平均值(mg/kg)	最小值(mg/kg)	最大值(mg/kg)
果园	样本数(个)	2	4	49	50	69	31	205	933	103	2274
	百分比(%)	0.98	1.95	23.9	24.39	33.66	15.12	100			
蔬菜地	样本数(个)	0	0	4	10	15	8	37	1017	716	1632
	百分比(%)	0	0	10.81	27.03	40.54	21.62	100			

(二)土壤速效钾

1. 耕层土壤速效钾含量及分级

龙口市土壤速效钾平均含量耕地为141mg/kg，是第二次普查时的1.74倍，属4级水平，变化范围为39～595mg/kg，10.55%的为6、7级，属于缺乏水平；37.27%的为4、5级，属于中等水平；52.18%的为1～3级，属于丰富水平。果园速效钾含量主要集中在3、4级水平，分别占总果园面积的33.12%和26.06%(见表4-16)。

表4-16　　耕地与果园耕层土壤速效钾含量分级及面积

级　别	1	2	3	4	5	6	7	8
范围(mg/kg)	>300	200～300	150～200	120～150	100～120	75～100	50～75	≤50
耕地面积(hm^2)	169.07	2621.72	6386.84	4314.66	2241.32	1653.47	202.01	0
百分比(%)	0.96	14.91	36.31	24.53	12.74	9.4	1.15	0
果园面积(hm^2)	310.68	4186.79	9631.66	7579.01	3662.5	3183.38	515.4	13.14
百分比(%)	1.07	14.39	33.12	26.06	12.59	10.95	1.77	0.05

2. 不同质地土壤速效钾含量

土壤速效钾含量与表层质地有着密切的关系，表层质地不同，土壤速效钾含量有明显的差异。统计结果显示，耕地表层土壤质地为轻壤的土壤速效钾平均含量为185mg/kg，变化范围为63～570mg/kg；中壤平均为153mg/kg，变化范围为48～482mg/kg；沙壤平均为159mg/kg，变化范围为39～574mg/kg；沙土平均为140mg/kg，变化范围为41～330mg/kg。速效钾含量高低排列依次为：轻壤>沙壤>中壤>沙土。

3. 不同利用类型耕层土壤速效钾含量

龙口市平均含量：粮田为130mg/kg，变化范围为39～392mg/kg，97.38%集中在50～300mg/kg；蔬菜地为206mg/kg，变化范围为80～595mg/kg，73.37%集中在120～300mg/kg；果园为182mg/kg，变化范围为76～660mg/kg，92.05%集中在76～299mg/kg(见

表 4-17）。

表 4-17　　不同利用类型耕层土壤速效钾含量

项目		分级(mg/kg) 39～50	50～75	75～100	100～120	120～150	150～200	200～300	300～660	合计	平均值(mg/kg)	最小值(mg/kg)	最大值(mg/kg)
粮田	样本数(个)	12	142	261	205	181	159	130	17	1107	130	39	392
	百分比(%)	1.08	12.83	23.58	18.52	16.35	14.36	11.74	1.54	100			
果园	样本数(个)	0	0	269	236	310	356	565	150	1886	182	76	660
	百分比(%)	0	0	14.26	12.51	16.44	18.88	29.96	7.95	100			
蔬菜地	样本数(个)	0	0	12	13	31	47	57	24	184	206	80	595
	百分比(%)	0	0	6.52	7.07	16.85	25.54	30.98	13.04	100			

第三节　土壤中量营养元素

中量元素是指作物生长发育需要相对较多的元素，包括钙、镁、硫。随着大量元素、微量元素肥料的施用，尤其在低 pH 条件下，钙、镁等元素也呈现缺素现象，适量施用中量元素具有明显的增产效果。

一、土壤交换性钙

土壤中的钙以多种形态存在，以碳酸盐形式为主，其含量高低与土壤的酸碱性、盐基饱和度、土壤结构、土壤交换性能、各种养分有效性有密切关系，在生产实际中有重要作用。通常，用交换性钙含量作为土壤钙有效性的划分标准。

（一）耕层土壤交换性钙含量及分级

龙口市耕地平均含量为 558mg/kg，属 7 级水平，变化范围为 23～1031mg/kg。7 级的最多，占总耕地面积的 59.81%，其次是 8 级，占 40.19%。果园交换性钙分布在 7、8 级，分别占总果园面积的 63.89%和 36.11%（见表 4-18）。

表 4-18 耕地与果园耕层土壤交换性钙含量分级及面积

级别	6	7	8
范围(mg/kg)	1000～1500	500～1000	≤500
耕地面积(hm^2)	0	10520.03	7069.06
百分比(%)	0	59.81	40.19
果园面积(hm^2)	0	18580.85	10501.71
百分比(%)	0	63.89	36.11

(二)不同利用类型耕层土壤交换性钙含量

龙口市平均含量:粮田为579mg/kg,变化范围为93～1031mg/kg,99.14%集中在113～1031mg/kg;果园为508mg/kg,变化范围为31～1048mg/kg,97.7%集中在117～1048mg/kg;蔬菜地为474mg/kg,变化范围为23～833mg/kg,95.12%集中在227～833mg/kg(见表4-19)。

表 4-19 不同利用类型耕层土壤交换性钙含量

项目		分级(mg/kg)				平均值(mg/kg)	最小值(mg/kg)	最大值(mg/kg)
		30.7～500	500～1000	1000～1031	合计			
粮田	样本数(个)	49	114	4	167	579	93	1031
	百分比(%)	29.34	68.26	2.4	100			
果园	样本数(个)	115	141	3	259	508	31	1048
	百分比(%)	44.4	54.44	1.16	100			
蔬菜地	样本数(个)	19	22	0	41	474	23	833
	百分比(%)	46.34	53.66	0	100			

(三)土壤交换性钙在农业生产中的作用

据研究报道,土壤交换性钙对防治苹果的腐烂病和保鲜储存有重要的作用。但是在土壤交换性钙含量过高的情况下,会导致土壤中其他营养元素有效性降低和pH升高,不利于某些嗜酸作物的生长。

土壤交换性钙对磷素和微量元素的有效性以及存在形态有很大影响。在石灰性土壤中,磷以磷酸钙盐为主,其含量一般占无机磷总量的50%以上,并且土壤交换性盐含量越高,磷酸钙盐含量也越高。在富含交换性钙的土壤里,磷酸钙盐以磷酸三钙、磷酸八钙、磷酸十钙形式存在,磷素养分被固定量也就愈大,应采取穴施或沟施磷肥,以减少磷素养分的固定。土壤交换性钙含量增加可使土壤pH提高,除了可以提高钼的有效性,其他微量元素有效性都降低。另外，交换性盐含量增加，土壤中的铁、锰、锌、铜都可以和交换性钙结合，生成难溶性的交换性盐，降低其有效性。钙对硼的影响，除了生成溶解度很小的含钙硼酸盐，更重要的是钙的存在促进了其他元素对硼的固定。

二、土壤交换性镁

(一)耕层土壤交换性镁含量及分级

龙口市耕地平均含量为186mg/kg，属6级水平，变化范围为34～323mg/kg。耕地大部分为6级，占总耕地面积的53.02%，属较低水平；0.04%的为3级，属丰富水平；5.82%的为4级中等水平；5、7级水平的分别占25.51%、15.61%。果园交换性镁主要集中在5、6级水平，分别占总果园面积的28.44%和51.03%(见表4-20)。

表4-20　　耕地与果园耕层土壤交换性镁含量分级及面积

级　别	1	2	3	4	5	6	7
范围(mg/kg)	>600	400～600	300～400	250～300	200～250	150～200	<150
耕地面积(hm^2)	0	0	7.04	1023.67	4486.98	9325.74	2745.66
百分比(%)	0	0	0.04	5.82	25.51	53.02	15.61
果园面积(hm^2)	0	0	26.17	1055.7	8271.08	14840.83	4888.78
百分比(%)	0	0	0.09	3.63	28.44	51.03	16.81

(二)不同利用类型耕层土壤交换性镁含量

龙口市平均含量：粮田为193mg/kg，变化范围为59～306mg/kg，91.02%集中在59～243mg/kg；果园为177mg/kg，变化范围为38～328mg/kg，91.5%集中在38～250mg/kg；蔬菜地为157mg/kg，变化范围为34～323mg/kg，95.12%集中在34～149mg/kg(见表4-21)。

表4-21　　不同利用类型耕层土壤交换性镁含量

项　目		分级(mg/kg) 38～150	150～200	200～250	250～300	300～400	合计	平均值(mg/kg)	最小值(mg/kg)	最大值(mg/kg)
粮田	样本数(个)	27	61	64	13	2	167	193	59	306
	百分比(%)	16.17	36.53	38.32	7.78	1.2	100			
果园	样本数(个)	79	86	72	18	4	259	177	38	328
	百分比(%)	30.5	33.2	27.8	6.95	1.54	100			

续表

项目		分级(mg/kg)						平均值(mg/kg)	最小值(mg/kg)	最大值(mg/kg)
		38～150	150～200	200～250	250～300	300～400	合计			
蔬菜地	样本数(个)	20	16	3	0	2	41	157	34	323
	百分比(%)	48.78	39.02	7.32	0	4.88	100			

三、土壤有效硫

土壤有效硫包括易溶性硫、吸附性硫和部分有机硫，较易被作物吸收利用，是作物硫元素营养的主要来源。

(一)耕层土壤有效硫含量及分级

龙口市耕地平均含量为141.7mg/kg，属1级水平。1级占总耕地面积的76.44%，其次是2级，占14.53%，只有0.04%的为6级。果园含量为1级的面积最大，占总果园面积的75.83%，其次是2级，占总果园面积的15%(见表4-22)。

表4-22　耕地与果园耕层土壤有效硫含量分级及面积

级　别	1	2	3	4	5	6	7
范围(mg/kg)	>100	75～100	60～75	45～60	30～45	15～30	≤15
耕地面积(hm^2)	13445.1	2555.69	1043.03	418.62	119.61	7.04	0
百分比(%)	76.44	14.53	5.93	2.38	0.68	0.04	0
果园面积(hm^2)	22053.31	4362.38	1835.11	485.68	331.54	14.54	0
百分比(%)	75.83	15	6.31	1.67	1.14	0.05	0

影响土壤硫的因素包括：工业生产向大气中排放的SO_2随降水回到土壤；施用含硫肥料，如硫酸铵(含硫24%)、过磷酸钙(含硫12%)、硫酸钾(含硫18%)、硫基复合肥等对土壤硫的影响；90%以上的硫存在于有机质中，因此有机质高的土壤含硫较高；质地松散的沙质土对硫酸根的吸附能力较差，易引起缺硫。

(二)不同利用类型耕层土壤有效硫含量

龙口市平均含量：粮田为149.8mg/kg，变化范围为25.3～574.6mg/kg，68.24%的达到1级；果园为154.3mg/kg，变化范围为15.8～817.1mg/kg，64.22%的达到1级；蔬菜地为101.4mg/kg，变化范围为19.8～276.5mg/kg，53.33%集中在101.6～276.5mg/kg(见表4-23)。

表 4-23　　不同利用类型耕层土壤有效硫含量

项目		分级(mg/kg) 15.8～30	30～45	45～60	60～75	75～100	100～817.1	合计	平均值(mg/kg)	最小值(mg/kg)	最大值(mg/kg)
粮田	样本数(个)	1	8	8	10	20	101	148	149.8	25.3	574.6
	百分比(%)	0.68	5.41	5.41	6.76	13.51	68.24	100			
果园	样本数(个)	9	10	12	9	33	131	204	154.3	15.8	817.1
	百分比(%)	4.41	4.9	5.88	4.41	16.18	64.22	100			
蔬菜地	样本数(个)	3	2	3	1	5	16	30	101.4	19.8	276.5
	百分比(%)	10	6.67	10	3.33	16.67	53.33	100			

第四节　土壤微量营养元素

本次地力评价主要分析了锌、硼、锰、铁、铜、钼、硅 7 种微量元素，它们对耕地地力有着重要的作用。

一、土壤有效铁

(一)耕层土壤有效铁含量及分级

铁是土壤中含量较高的微量元素之一，龙口市耕地平均含量为 111.81mg/kg，属1 级水平，变化范围为 19.18～209.2mg/kg。果园和耕地土壤中，有效铁含量全部为 1 级水平(见表 4-24)。

表 4-24　　耕地与果园耕层土壤有效铁含量分级及面积

级别	1	2	3	4	5
范围(mg/kg)	＞20	10～20	4.5～10	2.5～4.5	≤2.5
耕地面积(hm^2)	17589.09	0	0	0	0
百分比(%)	100	0	0	0	0
果园面积(hm^2)	29082.56	0	0	0	0
百分比(%)	100	0	0	0	0

(二)不同利用类型耕层土壤有效铁含量

龙口市平均含量：粮田为 106.87mg/kg，变化范围为 19.18～209.05mg/kg，99.3%

集中在 20～209.05mg/kg；果园为 110.02mg/kg，变化范围为 6.1～209.81mg/kg，97.79%集中在 20.67～209.81mg/kg；蔬菜地为 132.02mg/kg，全部集中在 46.3～209.2mg/kg(见表 4-25)。

表 4-25 不同利用类型耕层土壤有效铁含量

项目		分级(mg/kg)				平均值(mg/kg)	最小值(mg/kg)	最大值(mg/kg)
		6.1～10	10～20	20～209.81	合计			
粮田	样本数(个)	0	1	142	143	106.87	19.18	209.05
	百分比(%)	0	0.70	99.3	100			
果园	样本数(个)	2	4	266	272	110.02	6.1	209.81
	百分比(%)	0.74	1.47	97.79	100			
蔬菜地	样本数(个)	0	0	35	35	132.02	46.3	209.2
	百分比(%)	0	0	100	100			

二、土壤有效锰

(一)耕层土壤有效锰含量及分级

龙口市耕地平均含量为 107.64mg/kg，属 1 级水平，变化范围为 10.35～156.73mg/kg。1980 年第二次土壤普查时，锰平均含量为 112.3mg/kg，变化范围为 11.6～279.8mg/kg。同第二次土壤普查相比，锰含量降低了 4.86mg/kg(见表 4-26)。

表 4-26 耕地与果园地土壤有效锰含量分级及面积

级别	1	2	3	4	5
范围(mg/kg)	>30	15～30	5～15	1～5	≤1
耕地面积(hm^2)	17577.32	11.77167	0	0	0
百分比(%)	99.93	0.07	0	0	0
果园面积(hm^2)	29047.66	34.9	0	0	0
百分比(%)	99.88	0.12	0	0	0

(二)不同利用类型耕层土壤有效锰含量

龙口市平均含量：粮田为 109.79mg/kg，变化范围为 14.3～155.46mg/kg，97.86%集中在 31.28～155.46mg/kg；果园为 95.48mg/kg，变化范围为 3.95～156.62mg/kg，96.79%集中在 31.01～156.62mg/kg；蔬菜地为 101.86mg/kg，变化范围为 10.35

～156.73mg/kg,90.38%集中在 47.91～156.73mg/kg(见表 4-27)。

表 4-27　　不同利用类型耕层土壤有效锰含量

项目		分级(mg/kg)					平均值(mg/kg)	最小值(mg/kg)	最大值(mg/kg)
		1～5	5～15	15～30	30～156.73	合计			
粮田	样本数(个)	0	1	2	137	140	109.79	14.3	155.46
	百分比(%)	0	0.73	1.43	97.86	100			
果园	样本数(个)	1	4	6	332	343	95.48	3.95	156.62
	百分比(%)	0.29	1.17	1.75	96.79	100			
蔬菜地	样本数(个)	0	1	4	47	52	101.86	10.35	156.73
	百分比(%)	0	1.92	7.69	90.38	100			

三、土壤有效铜

(一)耕层土壤有效铜含量及分级

龙口市耕地有效铜平均含量为 3.95mg/kg，属 1 级水平，变化范围为 1.01～10.49mg/kg。第二次土壤普查时，有效铜平均含量为 1.4mg/kg，变化范围为 0.36～15mg/kg。目前，大部分耕地和果园的有效铜含量为 1 级(见表 4-28)。

表 4-28　　耕地与果园耕层土壤有效铜含量分级及面积

级别	1	2	3	4	5
范围(mg/kg)	＞1.8	1～1.8	0.2～1	0.1～0.2	≤0.1
耕地面积(hm^2)	17586.15	2.94	0	0	0
百分比(%)	99.98	0.02	0	0	0
果园面积(hm^2)	29082.56	0	0	0	0
百分比(%)	100	0	0	0	0

(二)不同利用类型耕层土壤有效铜含量

龙口市平均含量：粮田为 3.74mg/kg，变化范围为 1.01～10.49mg/kg，95.54%集中在 1.83～10.49mg/kg；果园为 5.44mg/kg，变化范围为 0.96～10.48mg/kg，96.24%集中在 1.8～10.48mg/kg；蔬菜地为 4.75mg/kg，变化范围为 1.06～10.22mg/kg，92.68%集中在 1.81～10.22mg/kg(见表 4-29)。

表 4-29　　不同利用类型耕层土壤有效铜含量

项目		分级(mg/kg)				平均值(mg/kg)	最小值(mg/kg)	最大值(mg/kg)
		0.96～1	1～1.8	1.8～10.49	合计			
粮田	样本数(个)	0	7	150	157	3.74	1.01	10.49
	百分比(%)	0	4.46	95.54	100			
果园	样本数(个)	2	5	179	186	5.44	0.96	10.48
	百分比(%)	1.08	2.69	96.24	100			
蔬菜地	样本数(个)	0	3	38	41	4.75	1.06	10.22
	百分比(%)	0	7.32	92.68	100			

四、土壤有效硼

(一)耕层土壤有效硼含量及分级

龙口市耕地平均含量为 0.61mg/kg，是 1980 年的 1.6 倍，属 3 级水平，变化范围为 0.17～1.66mg/kg，4、5 级的占总耕地面积的 36.61%，3 级的占 56.3%，只有 7.09%的耕地达到 2 级水平。果园有效硼含量主要集中在 3、4 级，分别占总果园面积的 76.77%和 22.07%(见表 4-30)。

表 4-30　　耕地与果园土壤有效硼含量分级及面积

级　别	1	2	3	4	5
范围(mg/kg)	＞2	1～2	0.5～1	0.2～0.5	≤0.2
耕地面积(hm^2)	0	1247.07	9902.66	6231.81	207.55
百分比(%)	0	7.09	56.3	35.43	1.18
果园面积(hm^2)	0	319.91	22326.68	6418.52	17.45
百分比(%)	0	1.1	76.77	22.07	0.06

(二)不同利用类型耕层土壤有效硼含量

龙口市平均含量：粮田为 0.59mg/kg，变化范围为 0.27～1.51mg/kg，94.17%集中在 0.27～0.99mg/kg；果园为 0.66mg/kg，变化范围为 0.13～2.14mg/kg，92.4%集中在 0.23～1mg/kg；蔬菜地为 0.69mg/kg，变化范围为 0.17～1.66mg/kg，93.75%集中在 0.2～0.95mg/kg(见表 4-31)。

表 4-31　　不同利用类型耕层土壤有效硼含量

项目		分级(mg/kg)						平均值(mg/kg)	最小值(mg/kg)	最大值(mg/kg)
		0.13～0.2	0.2～0.5	0.5～1	1～2	2～2.14	合计			
粮田	样本数(个)	0	83	111	12	0	206	0.59	0.27	1.51
	百分比(%)	0	40.29	53.88	5.83	0	100			
果园	样本数(个)	2	98	206	22	1	329	0.66	0.13	2.14
	百分比(%)	0.61	29.79	62.61	6.69	0.3	100			
蔬菜地	样本数(个)	3	7	32	6	0	48	0.69	0.17	1.66
	百分比(%)	6.25	14.58	66.67	12.5	0	100			

五、土壤有效钼

(一)耕层土壤有效钼含量及分级

龙口市耕地平均含量为0.23mg/kg,是第二次土壤普查时的2.88倍,属2级水平,变化范围为0.02～1.72mg/kg。大部分耕地为2～4级,分别占总耕地面积的23.69%、27.28%、32.05%,1、5级的仅占5.52%和11.46%。大部分果园有效钼含量在2～4级水平,分别占总果园面积的22.72%、31.64%、33.29%(见表4-32)。

表 4-32　　耕地与果园耕层土壤有效钼含量分级及面积

级别	1	2	3	4	5
范围(mg/kg)	>0.3	0.2～0.3	0.15～0.2	0.1～0.15	<0.1
耕地面积(hm^2)	970.92	4166.86	4798.3	5637.3	2015.71
百分比(%)	5.52	23.69	27.28	32.05	11.46
果园面积(hm^2)	1122.59	6607.56	9201.72	9681.58	2469.11
百分比(%)	3.86	22.72	31.64	33.29	8.49

(二)不同利用类型耕层土壤有效钼含量

龙口市平均含量:粮田为0.24mg/kg,变化范围为0.02～1.72mg/kg,99%集中在0.02～0.96mg/kg;果园为0.16mg/kg,变化范围为0.02～0.7mg/kg;蔬菜地为0.14mg/kg,变化范围为0.03～0.41mg/kg,96.67%集中在0.03～0.26mg/kg(见表4-33)。

表 4-33 不同利用类型耕层土壤有效钼含量

项目		分级(mg/kg)						平均值(mg/kg)	最小值(mg/kg)	最大值(mg/kg)
		0.02～0.1	0.1～0.15	0.15～0.2	0.2～0.3	0.3～1.72	合计			
粮田	样本数(个)	48	27	10	10	55	150	0.24	0.02	1.72
	百分比(%)	32	18	6.67	6.67	36.67	100			
果园	样本数(个)	82	43	26	21	31	203	0.16	0.02	0.7
	百分比(%)	40.39	21.18	12.81	10.34	15.27	100			
蔬菜地	样本数(个)	9	8	8	4	1	30	0.14	0.03	0.41
	百分比(%)	30	26.67	26.67	13.33	3.33	100			

六、土壤有效锌

(一)耕层土壤有效锌含量及分级

龙口市耕地平均含量为 4.24mg/kg,属 1 级水平,变化范围为 0.09～7.35mg/kg。较第二次土壤普查时增加了 2.06mg/kg。98.69%的耕地有效锌含量集中在 1 级水平,99.55%的果园有效锌含量集中在 1 级水平(见表 4-34)。

表 4-34 耕地与果园土壤有效锌含量分级及面积

级 别	1	2	3	4	5
范围(mg/kg)	>3	1～3	0.5～1	0.3～0.5	≤0.3
耕地面积(hm^2)	17359.23	228.63	1.23	0	0
百分比(%)	98.69	1.3	0.01	0	0
果园面积(hm^2)	28951.69	130.87	0	0	0
百分比(%)	99.55	0.45	0	0	0

(二)不同利用类型耕层土壤有效锌含量

龙口市平均含量:粮田为 4.13mg/kg,变化范围为 0.25～7.35mg/kg,65.97%集中在 3.01～7.35mg/kg;果园为 4.25mg/kg,变化范围为 0.03～7.35mg/kg,80.51%集中在 3.05～7.35mg/kg;蔬菜地为 4.88mg/kg,变化范围为 0.09～7.3mg/kg,80.77%在 4.02～7.3mg/kg(见表 4-35)。

表 4-35　　不同利用类型耕层土壤有效锌含量和分级

项目		分级(mg/kg)						平均值(mg/kg)	最小值(mg/kg)	最大值(mg/kg)
		0.03～0.3	0.3～0.5	0.5～1	1～3	3～7.35	合计			
粮田	样本数(个)	4	3	7	35	95	144	4.13	0.25	7.35
	百分比(%)	2.78	2.08	4.86	24.31	65.97	100			
果园	样本数(个)	2	2	7	27	157	195	4.25	0.03	7.35
	百分比(%)	1.03	1.03	3.59	13.85	80.51	100			
蔬菜地	样本数(个)	1	0	1	3	21	26	4.88	0.09	7.3
	百分比(%)	3.85	0	3.85	11.54	80.77	100			

七、土壤有效硅

(一)耕层土壤有效硅含量及分级

龙口市耕地平均含量为 232.22mg/kg,属 2 级水平,变化范围为 17.5～577.32mg/kg。大部分耕地为 2～4 级水平,分别占总耕地面积的 33.36%、25.35%、21.72%;1、5 级的分别仅占 13.38%和 6.04%。有效硅含量在 3、4 级的果园面积分别占总果园面积的 31.84%和 35.35%(见表 4-36)。

表 4-36　　耕地与果园耕层土壤有效硅含量分级及面积

级别	1	2	3	4	5	6
范围(mg/kg)	＞300	200～300	150～200	100～150	50～100	＜50
耕地面积(hm^2)	2354.1	5867.8	4458.55	3820.24	1062.73	25.67
百分比(%)	13.38	33.36	25.35	21.72	6.04	0.15
果园面积(hm^2)	967.96	5014.53	9260.77	10279.7	3487.54	72.06
百分比(%)	3.33	17.24	31.84	35.35	11.99	0.25

(二)不同利用类型耕层土壤有效硅含量

龙口市平均含量:粮田为 233.46mg/kg,变化范围为 17.5～577.32mg/kg,97.36%集中在 52.34～577.32mg/kg;果园为 168.86mg/kg,变化范围为 14.91～759.6mg/kg,88.3%集中在 51.09～296.8mg/kg;蔬菜地为 225.94mg/kg,变化范围为 57.9～539.3mg/kg(见表 4-37)。

表 4-37　　不同利用类型耕层土壤有效硅含量

项目		分级(mg/kg)							平均值(mg/kg)	最小值(mg/kg)	最大值(mg/kg)
		<50	50～100	100～150	150～200	200～300	>300	合计			
粮田	样本数(个)	4	22	25	22	34	44	151	233.46	17.5	577.32
	百分比(%)	2.65	14.57	16.56	14.57	22.52	29.14	100			
果园	样本数(个)	7	38	55	47	41	17	205	168.86	14.91	759.6
	百分比(%)	3.41	18.54	26.83	22.93	20	8.29	100			
蔬菜地	样本数(个)	0	8	3	4	6	9	30	225.94	57.90	539.30
	百分比(%)	0	26.67	10	13.33	20	30	100			

第五节　不同土类、质地的养分

一、龙口市不同土类耕地和果园土壤养分

本次参与地力评价的土壤样点共 1750 个。通过对龙口市棕壤、褐土、潮土、砂姜黑土 4 种土类土壤养分进行统计,发现不同土类之间土壤养分情况存在一定的差异,具体情况如表 4-38 和表 4-39 所示。

表 4-38　　不同土类耕地土壤养分

土类	pH	有机质(g/kg)	全氮(g/kg)	碱解氮(mg/kg)	有效磷(mg/kg)	缓效钾(mg/kg)	速效钾(mg/kg)	有效锌(mg/kg)	水溶态硼(mg/kg)
棕壤	5.8	13.6	1.03	104	48.5	876	134	3.87	0.6
第二次普查	6.8	9.5	0.54	51	4.5		76		
褐土	6.8	14.3	1.19	106	50.7	825	156	4.83	0.84
第二次普查	7.4	10	0.58	54	7.4		76		
潮土	6.6	13.6	1.09	103	55.2	884	124	5.04	0.61
第二次普查	7.1	8.1	0.51	42	5		67		
砂姜黑土	6	17.8	1.26	111	59.2	920	189	4.7	0.75
第二次普查	7.1	13.2	0.78	50	7.6		81		

续表

土 类	有效硅(mg/kg)	有效钼(mg/kg)	有效铜(mg/kg)	有效锰(mg/kg)	有效铁(mg/kg)	交换性钙(mg/kg)	交换性镁(mg/kg)	有效硫(mg/kg)
棕壤	237.23	0.18	3.73	103.52	111.11	557	190	119.9
褐土	267.68	0.17	4.21	112.41	127.18	453	180	104.4
潮土	199.89	0.21	4.56	108.14	106.7	618	187	145.7
砂姜黑土	353.8	0.16	3.91	125.7	107.85	535	189	115.1

表 4-39 不同土类果园土壤养分

土 类	pH	有机质(g/kg)	全氮(g/kg)	碱解氮(mg/kg)	有效磷(mg/kg)	缓效钾(mg/kg)	速效钾(mg/kg)	有效锌(mg/kg)	水溶态硼(mg/kg)
棕壤	6.1	13.6	1.04	101	80.3	948	181	4.24	0.62
褐土	6.2	12.9	0.92	102	81.1	921	194	5.59	0.74
潮土	6.1	12.8	0.91	96	87.5	894	177	4.15	0.64
砂姜黑土	7.2	15.8	1.02	105	73	948	218	3.89	0.93

土 类	有效硅(mg/kg)	有效钼(mg/kg)	有效铜(mg/kg)	有效锰(mg/kg)	有效铁(mg/kg)	交换性钙(mg/kg)	交换性镁(mg/kg)	有效硫(mg/kg)
棕壤	162.32	0.16	5.44	94.16	110.12	523	184	118.8
褐土	171.61	0.13	5.01	95.22	91.55	585	186	126.2
潮土	123.47	0.16	5.94	99.11	122.25	535	178	124.2
砂姜黑土	241.57	0.11	4.19	91.3	52.81	545	189	110.6

(一)棕　壤

耕地的 pH 众数为 5.8,呈微酸性,较第二次土壤普查时降低了 1。有机质、全氮、碱解氮、速效钾平均含量分别为 13.6g/kg、1.03g/kg、104mg/kg、134mg/kg,都处于中等水平,与第二次土壤普查时相比,分别增加了 43%、90%、104%、76%;有效磷增幅最大,平均含量为 48.5mg/kg,是第二次土壤普查时的 9.8 倍。有效硫、有效锰、有效铜、有效铁、有效锌平均含量分别为 119.9mg/kg、103.52mg/kg、3.73mg/kg、111.11mg/kg、3.87mg/kg,都处于 1 级水平,含量丰富。交换性钙、交换性镁含量为缺乏,其中钙的平均含量为 557mg/kg,处于 8 级水平,镁的平均含量为 190mg/kg,处于 6 级水平。有效钼、有效硼、有效硅平均含量分别为 0.18mg/kg、0.6mg/kg、237.23mg/kg,都处于中等水平。

果园除了有效磷、有效硅平均含量与耕地差别较大,其他养分情况与耕地相近。其中有效磷平均含量为 80.3mg/kg,是耕地的 1.6 倍,有效硅平均含量为 162.32mg/kg,只有耕地的 64%。

(二)褐　土

耕地的 pH 众数为 6.8,呈中性,比第二次土壤普查时降低了 0.6。有机质、全氮、碱解氮、速效钾平均含量分别为 14.3g/kg、1.19g/kg、106mg/kg、156mg/kg,比第二次土壤普查时分别增加了 43%、105%、96%、105%。有效磷平均含量为 50.7mg/kg,比第二次土壤普查时增加了5.8倍。有效硫、有效锰、有效铜、有效铁、有效锌平均含量分别为104.4mg/kg、112.41mg/kg、4.21mg/kg、127.18mg/kg、4.83mg/kg，都处于1级水平，含量丰富。交换性钙、交换性镁都比较缺乏，平均含量钙为453mg/kg，为9级水平，镁为180mg/kg，为6级水平。有效钼、有效硼、有效硅平均含量分别为0.17mg/kg、0.84mg/kg、267.68mg/kg，都处于中等水平。

果园除了有效磷、有效硅平均含量与耕地差别较大，其他养分情况与耕地相近。其中有效磷平均含量为81.1mg/kg，是耕地的1.6倍，有效硅平均含量为171.61mg/kg，只有耕地的64%。

（三）潮　土

耕地的pH众数为6.6，呈中性，比第二次土壤普查时降低了0.5。有机质、全氮、碱解氮、速效钾平均含量分别为13.6g/kg、1.09g/kg、103mg/kg、124mg/kg，较第二次土壤普查时分别增加了67.9%、106%、145%、85%。有效磷平均含量为55.2mg/kg，比第二次土壤普查时增加了10倍。有效硫、有效锰、有效铜、有效铁、有效锌平均含量分别为145.7mg/kg、108.14mg/kg、4.56mg/kg、106.7mg/kg、5.04mg/kg，均为1级水平，含量丰富。交换性钙、交换性镁平均含量分别为618mg/kg、187mg/kg，钙为8级，镁为6级水平，均比较缺乏。有效钼、有效硼、有效硅平均含量分别为0.21mg/kg、0.61mg/kg、199.89mg/kg，处于中等水平。

果园除了有效磷、有效硅与耕地差别较大，其他养分情况与耕地相近。其中有效磷平均含量为87.5mg/kg，是耕地的1.59倍，有效硅平均含量为123.47mg/kg，只有耕地的62%。

（四）砂姜黑土

耕地的pH众数为6，呈微酸性，比第二次土壤普查时降低了1.1。有机质、全氮、碱解氮、速效钾平均含量分别为17.8g/kg、1.26g/kg、111mg/kg、189mg/kg，比第二次土壤普查时分别增加了35%、61.5%、122%、133%。有效磷平均含量为59.2mg/kg，比第二次土壤普查时增加了6.79倍。有效硫、有效锰、有效铜、有效铁、有效锌平均含量分别为115.1mg/kg、125.7mg/kg、3.91mg/kg、107.85mg/kg、4.7mg/kg，都处于1级水平，含量丰富。交换性钙、交换性镁比较缺乏，其中钙平均含量为535mg/kg，为8级水平，镁平均含量为189mg/kg，为6级水平。有效钼、有效硼、有效硅平均含量分别为0.16mg/kg、0.75mg/kg、353.8mg/kg，都处于中等水平。

果园除了有效硅、有效钼与耕地差别较大，其他养分情况与耕地相近。其中有效硅平均含量为241.57mg/kg，只有耕地的68%，有效钼平均含量为0.11mg/kg，只有耕地的69%。

二、不同表层质地耕地和果园土壤养分

通过对龙口市1750个样点的轻壤土、沙壤土、沙土、中壤土四种表层质地耕层土壤养分统计，发现不同质地之间土壤养分情况存在一定的差异，具体情况如表4-40和表4-41所示。

表 4-40 不同质地耕地土壤养分

质地	pH	有机质(g/kg)	全氮(g/kg)	碱解氮(mg/kg)	有效磷(mg/kg)	缓效钾(mg/kg)	速效钾(mg/kg)	交换性钙(mg/kg)	交换性镁(mg/kg)
轻壤	6.4	14	1.1	105	52.6	880	138	556	182
第二次普查		9.7	0.61	52	7.8		74		
沙壤	6.5	13.7	1.19	106	51.8	839	133	560	175
第二次普查		8	0.54	44	5.8		59		
沙土	5.8	11.6	0.93	94	29.5	868	102	555	220
第二次普查		6.4	0.38	36	4.4		53		
中壤	6	14.7	1.05	106	52.5	863	158	523	192
第二次普查		10.1	0.62	56	8.3		77		

质地	有效铁(mg/kg)	有效锰(mg/kg)	有效铜(mg/kg)	有效锌(mg/kg)	水溶态硼(mg/kg)	有效钼(mg/kg)	有效硫(mg/kg)	有效硅(mg/kg)
轻壤	107.92	103.25	3.84	4.25	0.65	0.19	129	252.34
沙壤	102.69	103.35	3.84	5.01	0.61	0.19	132.4	177.9
沙土	115.17	107.6	3.25	4.02	0.58	0.14	106.29	158.38
中壤	120.1	116.02	4.28	4.2	0.67	0.18	107.3	275.05

表 4-41 不同质地果园土壤养分

质地	pH	有机质(g/kg)	全氮(g/kg)	碱解氮(mg/kg)	有效磷(mg/kg)	缓效钾(mg/kg)	速效钾(mg/kg)	交换性钙(mg/kg)	交换性镁(mg/kg)
轻壤	6.1	12.9	0.98	97	79.5	897	182	563	183
沙壤	6.1	13.6	1	108	96.5	997	189	553	176
沙土	6.1	13.3	0.98	95	73.6	889	154	565	184
中壤	6.2	14.4	1.04	104	84.8	1002	191	501	185

质地	有效铁(mg/kg)	有效锰(mg/kg)	有效铜(mg/kg)	有效锌(mg/kg)	水溶态硼(mg/kg)	有效钼(mg/kg)	有效硫(mg/kg)	有效硅(mg/kg)
轻壤	105.15	96.08	5.57	4.26	0.67	0.17	123.45	155.24
沙壤	122.26	95.79	5.89	4.16	0.63	0.16	126.7	136.79
沙土	105.4	93.86	5.4	4.07	0.6	0.16	121.88	155.05
中壤	121.83	95.1	4.8	4.59	0.62	0.14	107.3	170.13

(一)轻壤土

龙口市耕地中，表层质地为轻壤的占50.7%，有机质、全氮、碱解氮、速效钾平均含量分别为14g/kg、1.1g/kg、105mg/kg、138mg/kg，比第二次土壤普查时分别增加了44.3%、80%、102%、86.5%。有效磷平均含量为52.6mg/kg，比第二次土壤普查时增加了5.74倍。有效硫、有效锰、有效铜、有效铁、有效锌平均含量分别为129mg/kg、

103.25mg/kg、3.84mg/kg、107.92mg/kg、4.25mg/kg，为1级水平，含量丰富。交换性钙、交换性镁含量分别为556mg/kg、182mg/kg，分别为8级和6级水平，都比较缺乏。有效钼、有效硼、有效硅平均含量分别为0.19mg/kg、0.65mg/kg、252.34mg/kg，处于中等水平。

果园中表层质地为轻壤的占25.11%，除了有效磷、有效铜差别较大，其他养分情况与耕地相近。其中有效磷平均含量为79.5mg/kg，是耕地的1.5倍，有效铜平均含量为5.57mg/kg，是耕地的1.45倍，有效硅平均含量为156.66mg/kg，只有耕地的62%。

(二)中壤土

龙口市耕地中，中壤土占35.62%，有机质、全氮、碱解氮、速效钾平均含量为14.7g/kg、1.05g/kg、106mg/kg、158mg/kg，比第二次土壤普查时分别增加了45.5%、69.35%、89%、105%。有效磷平均含量为52.5mg/kg，比第二次土壤普查时增加了5.3倍。有效硫、有效锰、有效铜、有效铁、有效锌平均含量分别为107.3mg/kg、116.2mg/kg、4.28mg/kg、120.1mg/kg、4.7mg/kg，为1级水平，含量丰富。交换性钙、交换性镁含量分别为523mg/kg、192mg/kg，分别为8级和6级水平，比较缺乏。有效钼、有效硼、有效硅平均含量分别为0.18mg/kg、0.67mg/kg、275.05mg/kg，处于中等水平。

果园中表层质地为中壤的占26.84%，除了有效磷、有效硅差别较大，其他养分情况与耕地相近。其中有效磷平均含量为84.8mg/kg，是耕地的1.62倍，有效硅平均含量为170.13mg/kg，只有耕地的62%。

(三)沙壤土

龙口市耕地中，沙壤土占11.64%，有机质、全氮、碱解氮、速效钾平均含量为13.7g/kg、1.19g/kg、106mg/kg、133mg/kg，比第二次土壤普查时分别增加了71.2%、120%、141%、125%。有效磷平均含量为51.8mg/kg，比第二次土壤普查时增加了7.9倍。有效硫、有效锰、有效铜、有效铁、有效锌平均含量分别为132.4mg/kg、103.35mg/kg、3.84mg/kg、102.69mg/kg、5.01mg/kg，均为1级水平，含量丰富。交换性钙、交换性镁含量分别为560mg/kg、175mg/kg，分别为8级和6级水平，比较缺乏。有效钼、有效硼、有效硅平均含量分别为0.19mg/kg、0.61mg/kg、177.9mg/kg，处于中等水平。

果园中表层质地为沙壤的占41.85%，除了有效磷、速效钾差别较大，其他养分情况与耕地相近。其中有效磷平均含量为96.5mg/kg，是耕地的1.86倍，速效钾平均含量为189mg/kg，是耕地的1.42倍。

(四)沙　土

龙口市耕地中，沙土占2.04%，有机质、全氮、碱解氮、速效钾平均含量分别为11.6g/kg、0.93g/kg、94mg/kg、102mg/kg，比第二次土壤普查时分别增加了81.25%、145%、161%、92.45%。有效磷平均含量为29.5mg/kg，比第二次土壤普查时增加了5.7倍。有效硫、有效锰、有效铜、有效铁、有效锌平均含量分别为106.29mg/kg、107.6mg/kg、3.25mg/kg、115.17mg/kg、4.02mg/kg，均为1级水平，含量丰富。交换性钙、交换性镁含量分别为555mg/kg、220mg/kg，分别为8级和5级水平，比较缺乏。有效钼、有效硼、有效硅平均含量分别为0.14mg/kg、0.58mg/kg、158.35mg/kg，均为中等水平。

果园中表层质地为沙土的占6.2%，除了有效磷、速效钾差别较大，其他养分情况与耕地养分情况相近。其中有效磷平均含量为96mg/kg,是耕地的2.49倍,速效钾平均含量为154mg/kg,是耕地的1.51倍。

第六节　土壤主要物理性状

土壤物理性状主要包括土壤质地、土体厚度、土体构型、土壤容重、土壤孔隙、田间持水量等方面,是反映土壤水、气、热等状况的重要指标,也是评价土壤肥力状况的重要依据,并且对土壤某些化学性质的变化也有着重要影响。因此,正确地认识和改造土壤物理性状,是建设高产、稳产田的重要内容之一。

一、土壤质地

轻壤和中壤多分布在平原区和山丘区的坡麓地带、河谷小平原;沙壤分布在河滩地或海滩地与平原的过渡地带;沙土分布在丘陵中上部的山堢薄地;马牙砂土分布在北马镇和芦头交界处最南部的坡麓上部。龙口市耕地土壤表层质地以轻壤最多,中壤及沙壤次之,分别占总耕地面积的50.7%、35.62%和11.64%;果园中,轻壤、中壤及沙壤分别占总果园面积的41.85%、26.84%和25.11%。另外,耕地和果园中还分别有2.04%和6.21%的沙土和马牙砂土。

二、土体厚度

土体厚度包括极薄层(<15cm)、薄层(15～30cm)、中层(30～60cm)和厚层(>60cm),龙口市耕地和果园均以厚层为主。耕地中,有75.6%的厚层、7.78%的中层、14.19%的薄层和2.43%的极薄层;果园中,厚层、中层、薄层和极薄层分别占63.32%、11.46%、19.63%和5.59%。

三、土体构型

土体构型以中位夹黏和均壤质土体中表层质地为轻壤或中壤类型最为理想,土体内水、肥、气、热比较协调,利于作物生长,主要分布在平原区。不理想的土体构型有极薄层石底、薄层石底、均沙、夹铁板沙和夹砾石等,主要分布在沿海及河流两岸的滩地。市内耕地土体构型中,均质轻壤和薄层面积较多,分别占总耕地面积的26.32%和15.24%。果园土体构型中,薄层、均质轻壤、中层和均质沙壤面积较多,分别占总果园面积的23.31%、16.51%、13.05%、8.73%。

四、土壤容重

根据第二次土壤普查结果统计,龙口市耕地表层土壤容重平均为1.4g/cm^3,亚耕层平均为1.48g/cm^3。

耕地表层质地主要以轻壤和中壤为主。根据地力评价点的数据统计,龙口市耕地耕层平均容重:轻壤为1.35g/cm^3,中壤为1.43g/cm^3,沙壤为1.46g/cm^3。容重在1.2～1.35g/cm^{3}的比较适宜作物生长,占59%,容重在1.35～1.57g/cm^{3}的占41%。由于砂黏比例适宜，通气孔隙适中，结构较好，供肥性较好，养分含量较高，适种性广，产量也较高。

耕地土壤容重方面，粮田耕层为 1.32g/cm^3，20～40cm 为 1.63g/cm^3。其中，表层质地平均容重：轻壤为 1.33g/cm^3，中壤为 1.26g/cm^3，沙壤为 1.39g/cm^3。蔬菜地土壤平均容重耕层为 1.31g/cm^3，25～50cm 为 1.6g/cm^3，50～75cm 为 1.59g/cm^3，所有蔬菜地中，表层质地平均容重轻壤为 1.31g/cm^3，中壤为 1.3g/cm^3。

果园土壤容重方面，0～25cm 为 1.44g/cm^3，25～50cm 为 1.62g/cm^3，50～75cm 为 1.63g/cm^3。其中，表层质地为轻壤 1.43g/cm^3、中壤 1.43g/cm^3、沙壤 1.47g/cm^3、壤质土 1.465g/cm^3。龙口市耕层容重在 1.2～1.35g/cm^{3}的占 14.29%，容重偏大的(>1.35g/cm^3)占 85.71%。

五、土壤孔隙

土壤孔隙分布于土粒、土团之间，是土壤水分与空气的通道与储存所。孔隙的大小与多少密切影响着土壤中水、肥、气、热等肥力因素的变化与供应情况，所以，土壤孔隙状况是土壤的重要物理性状。土壤的总孔隙度与土壤容重关系密切，容重大，总孔隙度就小，反之则大。

第二次土壤普查时，龙口市耕地土壤表土总孔隙度平均为 48.16%，其中毛管孔隙度为 33.58%，空气孔隙度为 16.99%。

地力评价点数据统计结果显示，耕层中粮田总孔隙度平均为 50.4%，其中毛管孔隙度为 30.62%，空气孔隙度为 19.78%。蔬菜地总孔隙度平均为 50.7%，其中毛管孔隙度为 30.57%，空气孔隙度为 20.13%。果园总孔隙度平均为 45.61%，其中毛管孔隙度为 30.44%，空气孔隙度为 15.26%。

第五章 耕地地力评价

龙口市种植业主要以耕地(粮油和蔬菜)和果园为主,本次耕地地力评价同时对耕地和果园进行评价,所以,本章所称的耕地包括耕地和果园。耕地是土地的精华,也是农业生产中不可替代的重要生产资料,还是保持社会和国民经济可持续发展的重要资源。保护耕地是我国的基本国策之一,因此,及时掌握耕地资源的数量、质量及其变化,对于合理规划和利用耕地、切实保护耕地有十分重要的意义。在全面的野外调查、取样和室内化验分析并获取大量耕地地力相关信息的基础上,进行了本次龙口市耕地地力的综合评价,评价结果对于摸清龙口市耕地地力的现状及问题,为耕地资源的高效和可持续利用提供了重要的科学依据。

第一节 评价的原则、依据及流程

一、评价的原则、依据

(一)评价的原则

耕地地力就是耕地的生产能力,是在一定区域内的一定土壤类型上,耕地的土壤理化性状、所处自然环境条件、农田基础设施及农作物施肥管理水平等因素的总和。根据耕地地力评价项目的目的要求,在评价中遵循的基本原则有四条。

1. 综合因素研究与主导因素分析相结合原则

耕地是一个自然经济综合体,是人们利用的对象。影响耕地质量的因素有很多,涉及自然和社会经济多个方面,所以,耕地地力是各类要素的综合体现。所谓综合因素研究,是指对地形地貌、土壤理化性状、相关社会经济因素的总体进行全面的研究、分析与评价,以全面了解耕地地力状况。主导因素是指对耕地地力起决定作用的、相对稳定的因子,在评价中要着重对其进行研究分析。因此,把综合因素与主导因素结合起来进行评价,则可以对耕地地力作出科学准确的评定。

2. 共性评价与专题研究相结合原则

龙口市耕地利用存在粮田、菜地和果园等多种类型,土壤理化性状、环境条件、管理水平等不一,因此,耕地地力水平有较大的差异。考虑龙口市耕地地力的系统性、可比性,针对不同的利用状况,应选用统一的共同的评价指标和标准,即耕地地力的评价不针对某一特定的利用类型。另外,为了了解不同利用类型的耕地地力状况及其内部的差异情况,则对有代表性的主要类型如小麦地等进行专题的深入研究。这样,共性的评价与专题的研究相结合,使整个的评价和研究具有更大的应用价值。

3. 定量和定性相结合原则

土地系统是一个复杂的灰色系统,定量和定性要素共存,相互作用,相互影响。因此,为了保证评价结果的客观合理,采用定量和定性评价相结合的方法。在总体上,为了保证评价结果的客观合理,尽量采用定量评价方法,对可定量化的评价因子如有机质等养分含量、土层厚度等按其数值参与计算,对非数量化的定性因子如土壤表层质地、土体构型等则进行量化处理,确定其相应的指数,并建立评价数据库,以计算机进行运算和处理,尽量避免人为随意性因素的影响。在评价因素筛选、权重确定、评价标准、等级确定等评价过程中,尽量采用定量化的数学模型,在此基础上则充分运用人工智能和专家知识,对评价的中间过程和评价结果进行必要的定性调整,定量与定性相结合,从而保证了评价结果的准确合理。

4. 采用卫星遥感和 GIS 支持的自动化评价方法原则

自动化、定量化的土地评价技术方法是当前土地评价的重要方向之一。近年来,随着计算机技术,特别是 GIS 技术在土地评价中的不断应用和发展,基于 GIS 技术进行自动定量化评价的方法已不断成熟,使土地评价的精度和效率大大提高。本次的耕地地力评价工作采用最新 SPOT5 卫星遥感数据提取和更新耕地资源现状信息,通过数据库建立、评价模型及其与 GIS 空间叠加等分析模型的结合,实现了全数字化、自动化的评价流程,在一定的程度上代表了当前土地评价的最新技术方法。

(二)评价的依据

耕地地力是耕地本身的生产能力,因此,耕地地力的评价依据与此相关的各类自然和社会经济要素,具体包括三个方面。

1. 自然环境要素

自然环境要素包括耕地所处的地形地貌条件、水文地质条件、成土母质条件以及利用状况等。

2. 土壤理化要素

土壤理化要素包括土壤剖面与土体构型、耕层厚度、质地、容重等物理性状,有机质、氮、磷、钾、微量元素、pH、交换量等化学性状。

3. 农田基础设施条件

农田基础设施条件包括耕地的灌排条件、水土保持工程建设、培肥管理条件等。

二、评价的流程

整个评价可分为三个方面的主要内容,按先后的次序分别为:

(一)资料工具准备及数据库建立

此即根据评价的目的、任务、范围、方法,收集、准备与评价有关的各类自然及社会经济资料,并进行资料的分析、处理。选择适宜的计算机硬件和 GIS 等分析软件,建立耕地地力评价基础数据库。

（二）耕地地力评价

划分评价单元，提取影响地力的关键因素并确定权重，选择相应评价方法，制定评价标准，确定耕地地力等级。

（三）评价结果分析

依据评价结果，量算各等级耕地面积，编制耕地地力分布图，分析耕地地力问题，提出耕地资源可持续利用的措施建议。

评价的工作流程如图 5-1 所示。

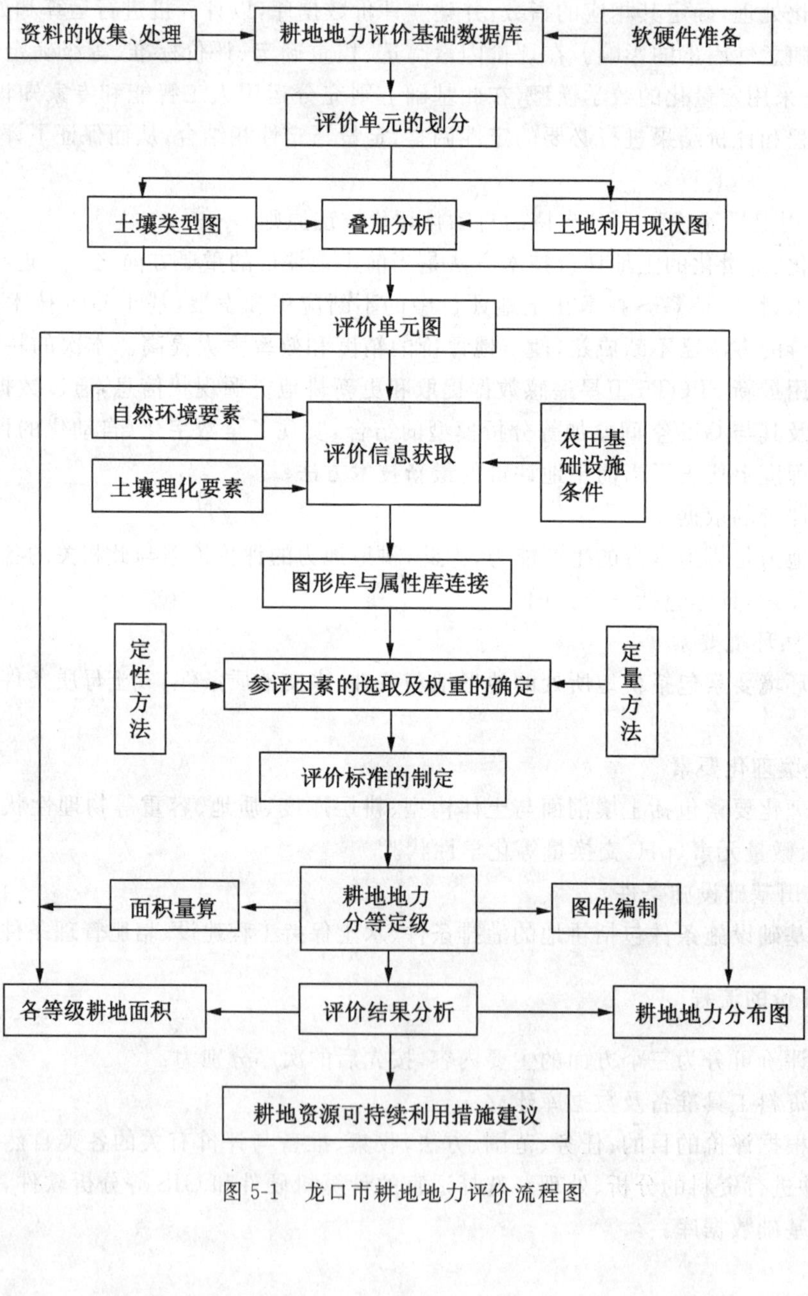

图 5-1　龙口市耕地地力评价流程图

第二节 软硬件准备、资料收集处理及基础数据库建立

一、软硬件准备

(一)硬件准备

硬件主要包括高档计算机、A0 幅面数字化仪、A0 幅面扫描仪、喷墨绘图仪等。计算机主要用于数据和图件的处理分析,数字化仪、扫描仪用于图件的输入,喷墨绘图仪用于成果图的输出。

(二)软件准备

一是 Windows 操作系统软件,二是 FOXPRO 数据库管理、SPSS 数据统计分析/ACCESS数据管理系统等应用软件,三是 MAPGIS、ARCVIEW、ARCMAP 等 GIS 软件。

二、资料收集、处理

(一)资料的收集

耕地地力评价以耕地的各性状要素为基础,因此,必须广泛地收集与评价有关的各类自然和社会经济因素资料,为评价工作做好数据的准备。本次耕地地力评价收集获取的资料主要包括四个方面。

1. 野外调查资料

野外调查资料按野外调查点获取,主要包括地形地貌、土壤母质、水文、土层厚度、表层质地、耕地利用现状、灌排条件、作物长势产量、管理措施水平等。

2. 室内化验分析资料

室内化验分析资料包括有机质、全氮、速效氮、速效磷、速效钾等大量养分含量,交换性钙、交换性镁等中量养分含量,有效锌、有效硼、有效钼等微量养分含量,以及 pH、土壤污染元素含量等。

3. 社会经济统计资料

以行政区划为基本单位的人口、土地面积、作物和蔬菜瓜果面积,以及各类投入产出等社会经济指标数据。

4. 基础及专题图件资料

1∶50000 比例尺地形图、行政区划图、土地利用现状图、地貌图、土壤图等。

(二)资料的处理

获取的评价资料可以分为定量和定性资料两部分。为了采用定量化的评价方法和自动化的评价手段,减少人为因素的影响,需要对其中的定性因素进行定量处理,根据因素的级别状况赋予其相应的分值或数值。除此,对于各类养分等按调查点获取的数据,则需要进行插值处理,生成各类养分图。

1. 定性因素的量化处理

(1)土壤表层质地:考虑不同质地类型的土壤肥力特征,以及与作物生长发育的关系,赋予不同质地类别以相应的分值(见表 5-1)。

表 5-1　土壤表层质地的量化处理

质地类别	中壤	轻壤	重壤	沙壤	沙土
分值	100	95	80	70	55

(2)土体构型:首先以土层质地类别和其在土体中的部位对各类土体构型进行归纳,根据不同的土体构型对作物生长发育的影响,赋予不同土体构型以相应的分值(见表 5-2)。

表 5-2　土体构型的量化处理

土体构型	中壤均质	中壤黏腰	轻壤黏腰	轻壤均质	中壤黏心	中壤砂姜腰	中壤沙腰	重壤均质	轻壤沙心	沙壤沙心	中层	薄层
分值	100	95	95	90	85	85	80	60	60	50	30	10

(3)地貌类型:根据不同的地貌类型对耕地地力及作物生长的影响,赋予其相应的分值(见表 5-3)。

表 5-3　地貌类型的量化处理

地貌类型	缓平坡地	山前倾斜平地	山前缓平地	缓岗	浅平洼地	槽状洼地	河谷高地	河漫滩	河谷梯田	近山阶地	坡麓梯田	荒坡岭
分值	100	97	95	93	90	87	84	80	60	40	20	10

(4)障碍状况:考虑影响龙口市耕地地力的主要障碍状况,将其障碍状况归纳为不同的类型,并根据其对耕地地力的影响程度进行量化处理(见表 5-4)。

表 5-4　障碍状况的量化处理

障碍状况	无障碍	浅黏	夹沙或砂姜	砾质	石渣土
分值	100	90	80	60	40

2. 各类养分专题图层的生成

对于土壤有机质、氮、磷、钾、锌、硼、钼等养分数据,首先按照野外实际调查点进行整理,建立了以各养分为字段、以调查点为记录的数据库。之后进行了土壤采样样点图与分析数据库的连接,在此基础上对各养分数据进行自动插值处理。

通过对比在 MAPGIS 和 ARCVIEW 环境中的插值结果,发现 ARCVIEW 环境中的插值结果线条更为自然圆滑,符合实际。因此,本书中所有养分采样点数据均在 ARCVIEW 环境下操作,利用其空间分析模块功能对各养分数据进行自动的插值处理,经编辑处理,自动生成各土壤养分专题栅格图层。后续的耕地地力评价也以栅格形式进行,与矢量形式相比,更能够将各评价要素信息精确到栅格(像元)水平,保证了评价结果的准确。图 5-2 和图 5-3 为在 ARCVIEW 下插值生成的龙口土壤有机质、全氮含量分布栅格图。

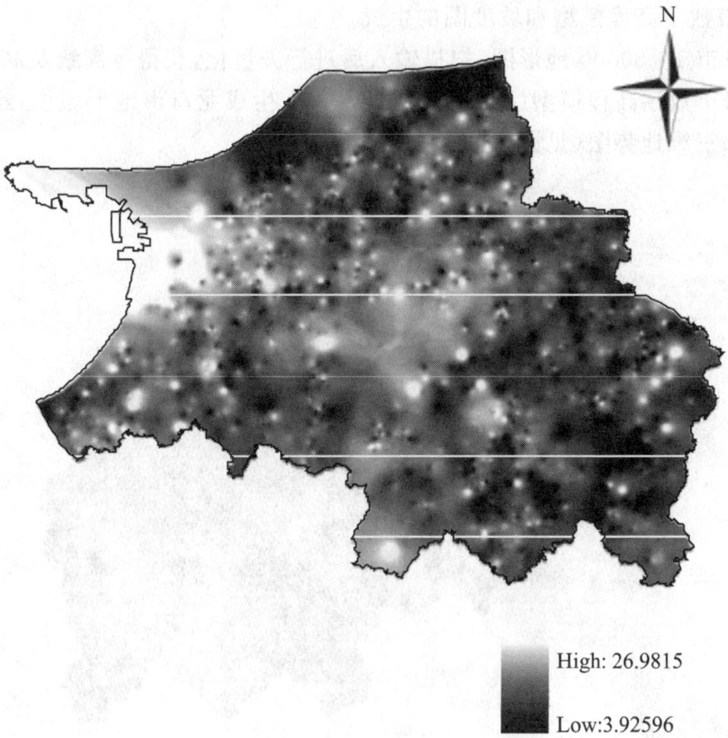

图 5-2　龙口市土壤有机质含量栅格图

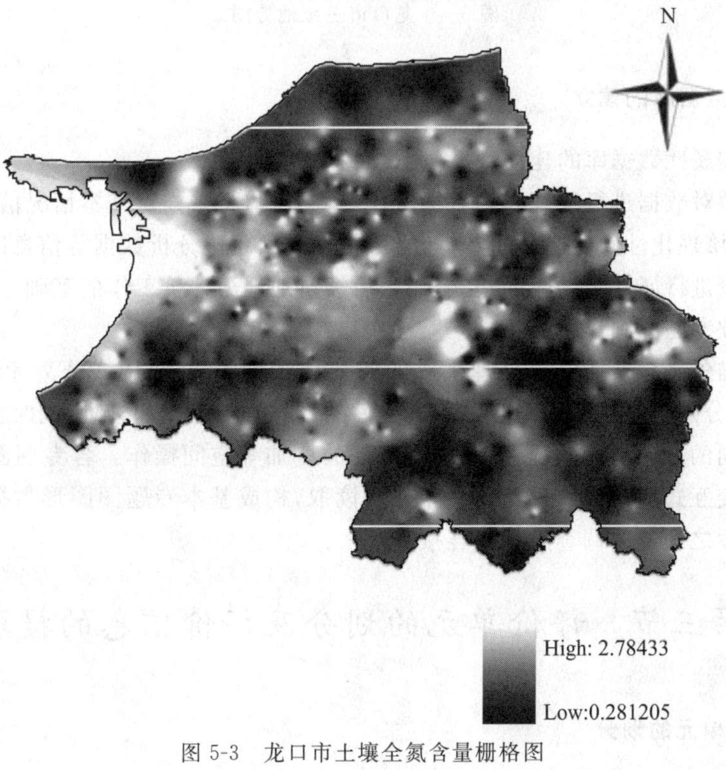

图 5-3　龙口市土壤全氮含量栅格图

3. 龙口市数字高程模型和坡度图的生成

利用龙口市1∶50000地形图，扫描输入后进行矢量化，获得等高线及高程信息，自动插值生成龙口市数字高程模型(DEM)。在此基础上生成龙口市地形坡度，经编辑处理后形成坡度图和三维地势图(见图5-4)。

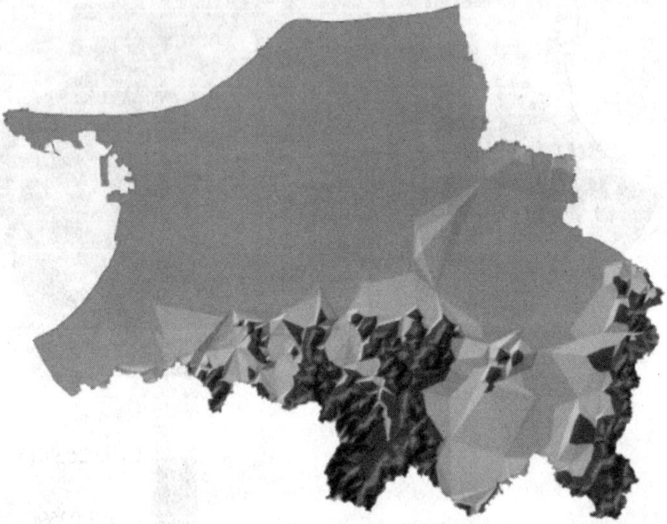

图5-4 龙口市三维地势图

三、基础数据库的建立

(一)基础属性数据库的建立

为更好地对数据进行管理和为后续工作提供方便，将采样点基本情况信息、农业生产情况信息、土壤理化性状化验分析数据、土壤污染元素化验分析数据等信息以调查点为基本数据库记录进行属性数据库的建立，作为后续耕地地力评价工作的基础。

(二)基础专题图图形库的建立

将经扫描矢量化及插值等处理生成的各类专题图件，在ARCVIEW和MAPGIS软件的支持下，分别以栅格形式和点、线、区文件的形式进行存储和管理，同时将所有图件统一转换到相同的地理坐标系统下，以进行图件的叠加等空间操作。各专题图图斑属性信息通过键盘交互式输入或通过与属性库挂接读取，构成基本专题图图形数据库。图形库与基础属性库之间通过调查点相互连接。

第三节 评价单元的划分及评价信息的提取

一、评价单元的划分

评价单元是由对土地质量具有关键影响的各土地要素组成的空间实体，是土地评价的最基本单位、对象和基础图斑。同一评价单元内的土地的自然基本条件、个体属性和经济属性基本一致，不同土地评价单元之间，既有差异性，又有可比性。耕地地力评价就是要通过对每个评价单元的评价，确定其地力级别，把评价结果落实到实地和编绘的土地资源图上。因此，土地评价单元划分的合理与否，直接关系到土地评价的结果以及工作量的大小。

目前，对土地评价单元的划分尚无统一的方法，有以土壤类型、以土地利用类型、以行政区划单位、以方里网等多种方法。本次耕地地力评价中，土地评价单元的划分采用土壤图、土地利用现状图的叠置划分法，相同土壤单元及土地利用现状类型的地块组成一个评价单元，即“土地利用现状类型—土壤类型”的格式。其中，土壤类型划分到土种，土地利用现状类型划分到二级利用类型，制图区界以基于遥感影像的龙口市最新土地利用现状图为准。为了保证土地利用现状的现实性，基于野外的实地调查对耕地利用现状进行了修正，其中蔬菜地进行了进一步的细分，到三级类型。同一评价单元内的土壤类型相同，利用方式相同，交通、水利、经营管理方式等基本一致。用这种方法划分评价单元可以反映单元之间的空间差异性，既使土地利用类型有了土壤基本性质的均一性，又使土壤类型有了确定的地域边界线，使评价结果更具有综合性、客观性，可以较容易地将评价结果落实到实地。

通过图件的叠置和检索，龙口市耕地地力划分为7863个评价单元。

二、评价信息的提取

影响耕地地力的因子非常多，并且它们在计算机中的存储方式也不相同，如何准确地获取各评价单元评价信息是评价中的重要一环。因此，采取舍弃直接从键盘输入参评因子值的传统方式，将评价单元与各专题图件叠加采集各参评因素的信息。具体的做法是：按唯一标识原则为评价单元编号；在ARCVIEW环境下生成评价信息空间库和属性数据库；在ARCMAP环境下从图形库中调出各化学性状评价因子的专题图，与评价单元图进行叠加，计算出各因子的均值；保持评价单元几何形状不变，在耕地资源管理信息系统中直接对叠加后形成的图形的属性库进行“属性提取”操作，以评价单元为基本统计单位，按面积加权平均汇总评价单元立地条件评价因子的分值。

由此，得到图形与属性相连的、以评价单元为基本单位的评价信息，为后续耕地地力的评价奠定了基础。

第四节 参评因素的选取及其权重确定

正确地进行参评因素的选取并确定其权重，是科学地评价耕地地力的前提，直接关系到评价结果的正确性、科学性和社会可接受性。

一、参评因素的选取

参评因素是指参与评定耕地地力等级的耕地诸属性。影响耕地地力的因素很多，在本次耕地地力评价中根据龙口市的区域特点遵循主导因素原则、差异性原则、稳定性原则、敏感性原则，采用定量和定性方法结合，进行参评因素的选取。

（一）系统聚类方法

系统聚类方法用于筛选影响耕地地力的理化性状等定量指标，通过聚类将类似的指标进行归并，辅助选取相对独立的主导因子，利用 SPSS 统计软件进行了土壤养分等化学性状的系统聚类。

从图 5-5 中可以看出，氯离子、全盐、硝态氮、全氮、交换性钙、有效硅、交换性镁、有效硼、有效钼、有效铁、有效锰、有效锌、有效铜、有效硫聚为一组，有效磷、速效钾、碱解氮、缓效钾聚为一组，有机质为一组，pH 为一组。

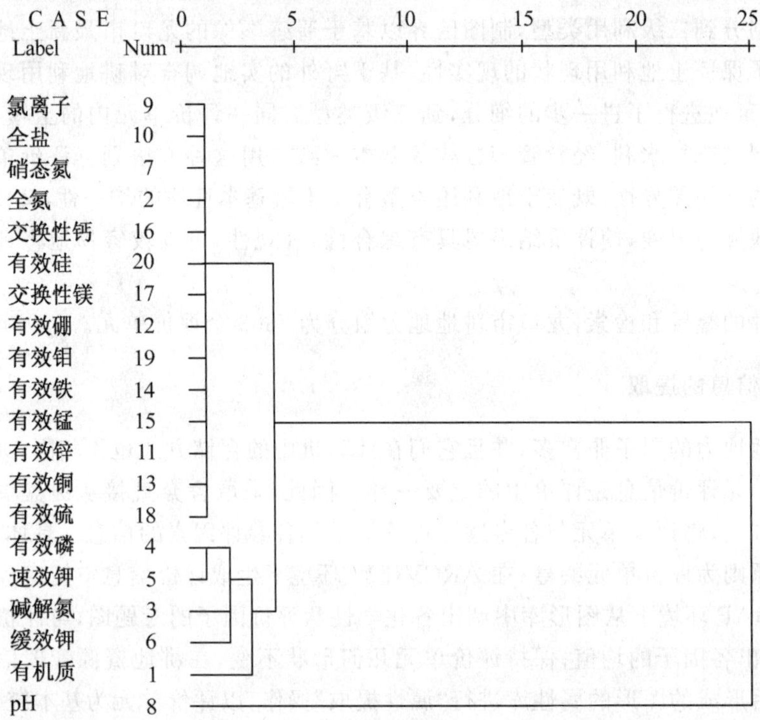

图 5-5 土壤养分等化学性状的聚类分析

（二）DELPHI 法

用 DELPHI 法进行了影响耕地地力的立地条件、物理性状等定性指标的筛选，确定了由土壤农业化学学者、专家及龙口市土肥站业务人员组成的专家组，首先对指标进行分类，在此基础上进行指标的选取，并讨论确定最终的选择方案。

综合以上两种方法，在定量因素中根据各因素对耕地地力影响的稳定性以及营养元素的全面性，在聚类分析第一组中选取有效锌、有效硼为参评因素，第二组中选取有效磷、速效钾为参评因素，第三组选取有机质为参评因素。结合专家组选择结果，最终确定灌溉保证率、坡度、地形地貌、农层质地、剖面构型、障碍层状况、土层厚度、有机质、大量元素（速效钾、有效磷）、微量元素（有效锌、有效硼）等 12 项因素作为耕地地力评价的参评指标。

二、权重的确定

在耕地地力评价中，需要根据各参评因素对耕地地力的贡献确定权重。确定权重的方法很多，本评价中采用层次分析法（AHP）来确定各参评因素的权重。

层次分析法是在定性方法基础上发展起来的定量确定参评因素权重的一种系统分析方法。这种方法可将人们的经验思维数量化，用以检验决策者判断的一致性，有利于实现定量化评价。层次分析法确定参评因素的步骤如下：

（一）建立层次结构

耕地地力为目标层（G层），影响耕地地力的立地条件、物理性状、化学性状为准则层（C层），再把影响准则层中各元素的项目作为指标层（A层），其结构关系如图5-6所示。

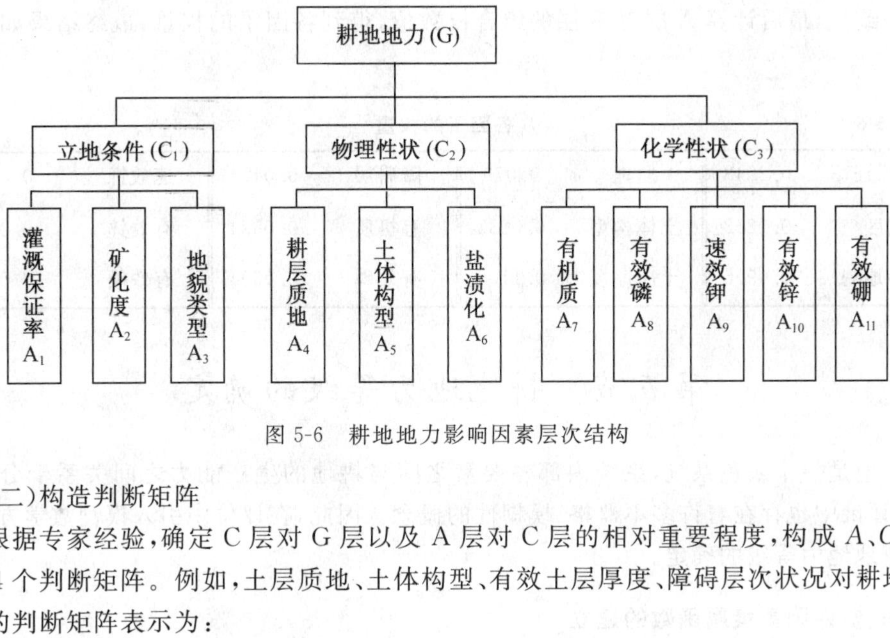

图5-6　耕地地力影响因素层次结构

（二）构造判断矩阵

根据专家经验，确定C层对G层以及A层对C层的相对重要程度，构成A、C_1、C_2、C_3共4个判断矩阵。例如，土层质地、土体构型、有效土层厚度、障碍层次状况对耕地物理性状的判断矩阵表示为：

$$C_2=\begin{bmatrix} a_{11} & a_{12} & a_{13} \\ a_{21} & a_{22} & a_{23} \\ a_{31} & a_{32} & a_{33} \end{bmatrix}=\begin{bmatrix} 1 & 5 & 3 \\ 0.20 & 1 & 0.33 \\ 0.33 & 3 & 1 \end{bmatrix}$$

其中，a_{ij}（i为矩阵的行号，j为矩阵的列号）表示对C_2而言，a_i对a_j的相对重要性的数值。

（三）层次单排序及一致性检验

层次单排序即求取A层对C层的权数值，可归结为计算判断矩阵的最大特征根对应的特征向量。利用SPSS等统计软件，得到的各权数值及一致性检验的结果如表5-5所示。

表 5-5　　权数值及一致性检验结果

矩　阵	特征向量					C_I	C_R
矩阵 A		0.4186	0.3488	0.2326		−0.00000537	0.00000926<0.1
矩阵 C_1		0.1980	0.3564	0.4455		−0.00000369	0.00000575<0.1
矩阵 C_2	0.2159	0.2699	0.1542	0.3599		0.00000621	0.000069<0.1
矩阵 C_3	0.0787	0.0945	0.1181	0.2362	0.4724	0.00000549	0.00000491<0.1

可以看出，$C_R<0.1$，具有很好的一致性。

(四)层次总排序及一致性检验

经层次总排序并进行一致性检验，结果为 $C_I=0.00000369$，$C_R=0.00000402$，具有满意的一致性，最后计算 A 层对 G 层的组合权数值，得到各因子的权重，最终结果如表 5-6 所示。

表 5-6　　各因子的权重

灌溉保证率	0.2248	质地	0.079	障碍层	0.0474	速效钾	0.0556
坡度	0.1252	土体构型	0.0632	有机质	0.0834	有效锌	0.0278
地形地貌	0.0996	土层厚度	0.1106	有效磷	0.0694	有效硼	0.0139

第五节　耕地地力等级的确定

土地是一个灰色系统，系统内部各要素之间与耕地的生产能力之间关系十分复杂。此外，评价中也存在着许多不严格、模糊性的概念。因此，在评价中引入模糊数学方法，来进行耕地地力等级的确定。

一、参评因素隶属函数的建立

用 DELPHI 法根据一组分布均匀的实测值评估出对应的一组隶属度，然后在计算机中绘制这两组数值的散点图，再根据散点图进行曲线模拟，寻求参评因素实际值与隶属度关系方程，从而建立起隶属函数。各参评因素的分级及其相应的专家赋值和隶属度如表 5-7 所示。

表 5-7　　参评因素的分级及其分值

坡度(°)	0	0.2	0.5	1	3	5	7	10	15	25
分值	98	100	98	95	90	80	60	30	10	1
隶属度	0.98	1.00	0.98	0.95	0.90	0.80	0.60	0.30	0.10	0.01

续表

地形地貌	缓平坡地	山前倾斜平地	山前缓平地	缓岗	浅平洼地	槽状洼地	河谷高地	河漫滩	河谷梯田	近山阶地	坡麓梯田	荒坡岭
分值	100	97	95	93	90	87	84	80	60	40	20	10
隶属度	1.00	0.97	0.95	0.93	0.90	0.87	0.84	0.80	0.60	0.40	0.20	0.10
灌溉保证率(%)	80	70	60	50	30	10	0					
分值	100	90	80	65	40	10	0					
隶属度	1.00	0.90	0.80	0.65	0.40	0.10	0					
有机质(g/kg)	2.0	1.8	1.6	1.4	1.2	1.0	0.8	0.6				
分值	100	98	95	90	84	78	65	50				
隶属度	1.00	0.98	0.95	0.90	0.84	0.78	0.65	0.50				
有效磷(mg/kg)	400	300	200	110	80	60	40	30	20	15	10	5
分值	70	80	90	100	98	96	92	90	85	80	60	40
隶属度	0.70	0.80	0.90	1.00	0.98	0.96	0.92	0.90	0.85	0.80	0.60	0.40
速效钾(mg/kg)	400	320	240	160	120	100	80	60				
分值	100	98	93	85	82	78	70	50				
隶属度	1.00	0.98	0.93	0.85	0.82	0.78	0.70	0.50				
有效锌(mg/kg)	2.0	1.5	1.2	1.0	0.8	0.5	0.3					
分值	100	92	87	85	80	70	55					
隶属度	1.00	0.92	0.87	0.85	0.80	0.70	0.55					
有效硼(mg/kg)	1.8	1.5	1.2	1.0	0.8	0.5	0.2					
分值	100	95	87	85	80	70	55					
隶属度	1.00	0.95	0.87	0.85	0.80	0.70	0.55					
耕层质地	中壤	轻壤	重壤	沙壤	沙土							
分值	100	95	80	70	55							
隶属度	1.00	0.95	0.80	0.70	0.55							

续表

障碍层状况	其他	浅黏	夹沙砂姜	砾质	石渣土							
分值	100	90	80	60	40							
隶属度	1.00	0.90	0.80	0.60	0.40							
剖面构型	中壤均质	中壤黏腰	轻壤黏腰	轻壤均质	中壤黏心	中壤砂姜腰	中壤沙腰	重壤均质	轻壤沙心	沙壤沙心	中层	薄层
分值	100	95	95	90	85	85	80	60	60	50	30	10
隶属度	1.00	0.95	0.95	0.90	0.85	0.85	0.80	0.60	0.60	0.50	0.30	0.10
有效土层(cm)	150	130	110	90	70	50	30					
分值	100	95	88	70	55	35	10					
隶属度	1.00	0.95	0.88	0.70	0.55	0.35	0.10					

通过模拟共得到正直线型、戒上型、戒下型三种类型的隶属函数，其中有效磷属于以上两种或两种以上的复合型隶属函数，地貌类型、质地等描述性的因素属于正直线型隶属函数，然后根据隶属函数计算各参评因素的单因素评价评语。以有机质为例绘制的散点图和模拟曲线如图 5-7 和图 5-8 所示。

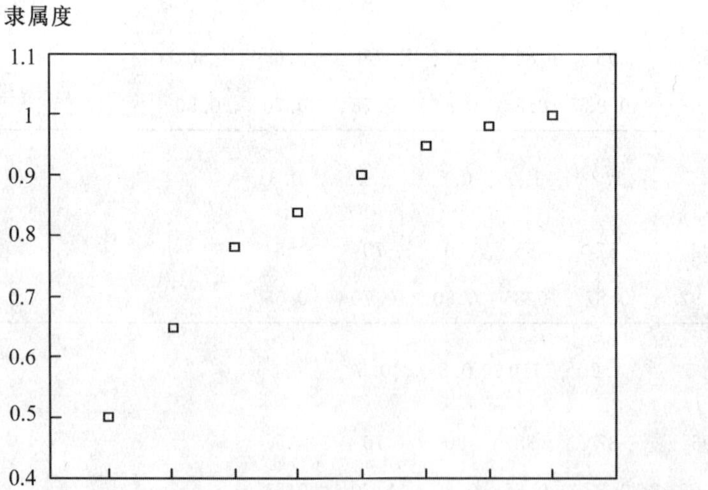

图 5-7 有机质与隶属度关系散点图

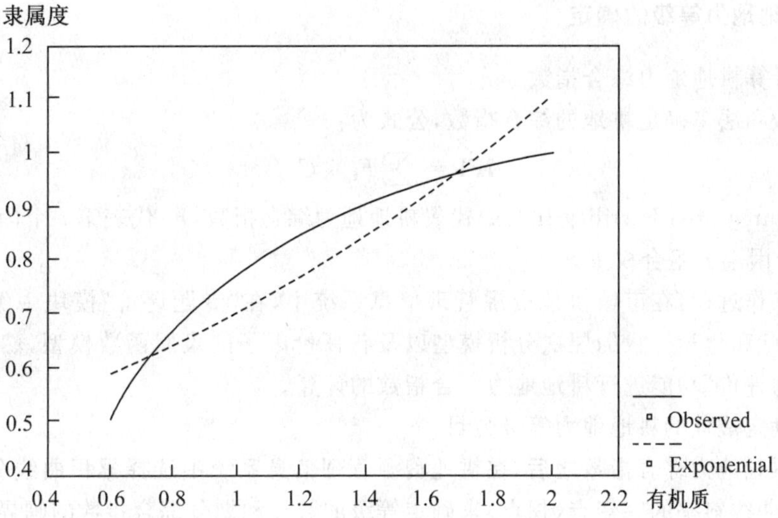

图 5-8　有机质与隶属度关系曲线

其隶属函数为戒上型,形式为:

$$y=\begin{cases}0 & (x\leqslant x_t)\\ 1/[1+A\times(x-C)^2] & (x_t<x<C)\\ 1 & (C\leqslant x)\end{cases}$$

各参评因素类型及其隶属函数如表 5-8 所示。

表 5-8　　参评因素类型及其隶属函数

函数类型	参评因素	隶属函数	A	C	U_1	U_2
戒上型	有机质(g/kg)	$y=1/[1+A(x-C)^2]$	0.543	1.822	0.35	1.822
戒上型	速效钾(mg/kg)	$y=1/[1+A(x-C)^2]$	0.0000076	327.836	15	327.836
戒上型<110	有效磷(mg/kg)	$y=1/[1+A(x-C)^2]$	0.0000992	80.159	3	80.159
戒下型>110			0.00000742	111.967	111.967	450
戒上型	有效锌(mg/kg)	$y=1/[1+A(x-C)^2]$	0.245	1.924	0.1	1.924
戒上型	有效硼(mg/kg)	$y=1/[1+A(x-C)^2]$	0.251	1.879	0.1	1.879
正直线型	地貌类型(分值)	$y=B+AU$	0.01	0	0	100
正直线型	剖面构型(分值)	$y=B+AU$	0.01	0	0	100
正直线型	障碍层状况(分值)	$y=B+AU$	0.01	0	0	100
正直线型	耕层质地(分值)	$y=B+AU$	0.01	0	0	100
正直线型	坡度(分值)	$y=B+AU$	0.01	0	0	100
正直线型	灌溉保证率(分值)	$y=B+AU$	0.01	0	0	100
正直线型	有效土层(分值)	$y=B+AU$	0.01	0	0	100

二、耕地地力等级的确定

(一)计算耕地地力综合指数

用指数和法来确定耕地的综合指数,公式为:

$$IFI = \sum F_i \times C_i$$

其中,IFI(Integrated Fertility Index)代表耕地地力综合指数,F_i 代表第 i 个因素评语,C_i 代表第 i 个因素的组合权重。

具体操作过程:在市域耕地资源管理信息系统中,在"专题评价"模块中编辑立地条件、物理性状和化学性状的层次分析模型以及各评价因子的隶属函数模型,然后选择"耕地生产潜力评价"功能进行耕地地力综合指数的计算。

(二)确定最佳的耕地地力等级数目

计算耕地地力综合指数之后,在耕地资源管理信息系统中选择累积曲线分级法进行评价,根据曲线斜率的突变点(拐点)来确定等级的数目和划分综合指数的临界点,将龙口耕地地力共划分为六级,各等级耕地地力综合指数如表 5-9 所示,综合指数分布如图 5-9 所示。

表 5-9　龙口市耕地与园地地力等级综合指数

IFI	>0.91	0.82～0.92	0.71～0.82	0.62～0.71	0.51～0.62	<0.51
耕地地力等级	一级地	二级地	三级地	四级地	五级地	六级地

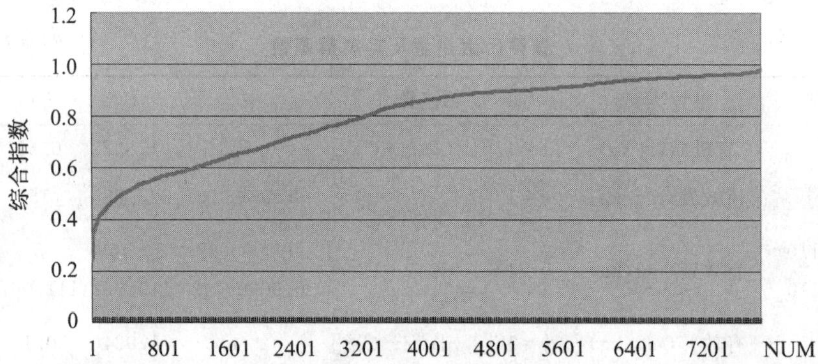

图 5-9　龙口市综合指数分布图

第六节　成果图编制及面积量算

一、图件的编制

为了提高制图的效率和准确性,在地理信息系统软件 MAPGIS 的支持下,进行耕地地力评价图及相关图件的自动编绘处理,其步骤大致分以下几步:扫描矢量化各基础图件

→编辑点、线→点、线校正处理→统一坐标系→区编辑并对其赋属性→根据属性赋颜色→根据属性加注记→图幅整饰输出。另外，还充分发挥 MAPGIS 强大的空间分析功能，用评价图与其他图件进行叠加，从而生成其他专题图件，如评价图与行政区划图叠加，进而计算各行政区划单位内的耕地地力等级面积等。

(一)专题图地理要素底图的编制

专题图的地理要素内容是专题图的重要组成部分，用于反映专题内容的地理分布，并作为图幅叠加处理等的分析依据。地理要素的选择应与专题内容相协调，并考虑图面的负载量和清晰度，所以选择基本的、主要的地理要素。以最新的土地利用现状图为基础，对此图进行制图综合处理，选取主要的居民点、交通道路、水系、境界线等及其相应的注记，进而编辑生成 1∶50000 各专题图地理要素底图。

(二)耕地地力评价图的编制

以耕地地力评价单元为基础，根据各单元的耕地地力评价等级结果，对相同等级的相邻评价单元进行归并处理，得到各耕地地力等级图斑。在此基础上，分两个层次进行图面耕地地力等级的表示：一是颜色表示，即赋予不同耕地地力等级以相应的颜色。二是代号表示，用罗马数字Ⅰ、Ⅱ、Ⅲ、Ⅳ、Ⅴ、Ⅵ表示不同的耕地地力等级，并在评价图相应的耕地地力图斑上注明。将评价专题图与以上的地理要素图复合，整合得出龙口市 1∶50000 耕地地力评价图。

(三)其他专题图的编制

对于有机质、速效钾、有效磷、有效锌等其他专题要素地图，则按照各要素的分级分别赋予相应的颜色，标注相应的代号，生成专题图层。之后与地理要素图复合，编辑处理生成专题图件，并进行图幅的整饰处理。

二、面积的量算

面积的量算可通过与专题图相对应的属性库的操作直接完成。对耕地地力等级面积的量算，则可在 FOXPRO 数据库的支持下，对图件属性库进行操作，检索相同等级的面积，然后汇总得出各类耕地地力等级的面积。根据龙口市图幅理论面积进行平差，得到准确的面积数值。对于不同行政区划单位内部、不同的耕地利用类型等的耕地地力等级面积的统计，则通过耕地地力评价图与相应的专题图进行叠加分析，由其相应属性库统计获得。

第二篇　耕地地力与质量分析

第六章　耕地地力分析

本次耕地地力分析按照农业部耕地质量调查和评价的规程及相关标准，结合当地实际情况，选取了对耕地和果园地力影响较大、区域内变化明显、在时间序列上具有相对稳定性、与农业生产有密切关系的12个因素，建立评价指标体系。以土壤图与土地利用现状图叠加形成评价单元，应用模糊综合评判方法，通过综合分析，将龙口市耕地划分为六个等级，并根据评价结果进行耕地地力的系统分析。

第一节　耕地地力等级及空间分布

一、耕地地力等级

利用MAPGIS软件，对评价图属性库进行操作，检索统计耕地各等级的面积和图幅总面积。以2010年龙口市耕地和果园总面积（46671.65hm^2）为基准，按面积比例平差，计算出各耕地地力等级面积。其中，耕地面积为17589.09hm^2，果园面积为29082.56hm^2。通过评价，将耕地和果园分为6个地力等级（见表6-1）。

表6-1　龙口市耕地与果园地力评价结果面积统计

等　级	一级地	二级地	三级地	四级地	五级地	六级地	总　计
耕地面积（hm^2）	6263.99	5285.92	2199.88	2000.78	1528.76	309.75	17589.09
百分比（%）	35.61	30.05	12.51	11.38	8.69	1.76	100
果园面积（hm^2）	6509.76	7058.83	4347.32	4377.32	4737.31	2052.02	29082.56
百分比（%）	22.37	24.26	14.95	15.06	16.3	7.06	100
耕地、果园总面积（hm^2）	12773.75	12344.75	6547.2	6378.1	6266.07	2361.77	46671.65
百分比（%）	27.37	26.45	14.03	13.66	13.43	5.06	100

可以看出，耕地主要以一级地和二级地为主，分别占总耕地面积的35.61%和30.05%；三级地、四级地所占比例大致相当，分别占12.51%和11.38%；五级地面积较四级地略少，占8.69%；而六级地面积最少，仅占1.76%。

果园主要以一级地和二级地为主，分别占总果园面积的22.37%和24.26%；三至五级地所占比例大致相当，面积依次有所增加，分别占14.95%、15.06%和16.3%，三者合计共占总果园面积的46.31%，与一级地和二级地总面积大致相当；六级地面积最少，占7.06%。

二、耕地地力空间分布

（一）耕地地力等级分布

龙口市地形、地貌大致为：东南部为低山丘陵，西北部为滨海平原，自东南向西北海拔逐渐降低。其中，低山丘陵区以种植果树为主，平原区种植粮食、蔬菜和果树。耕地面积相对较小，果园面积相对较大。一级地和二级地主要分布于中部、东北部、北部、西部及西南部，东南部的河流两岸也有少量分布。微地貌类型主要为倾斜洪积平原、倾斜和微斜平地，还有少量的近山阶地和沿河泊地，包括诸由观镇、兰高镇北部、东莱街道办事处、新嘉街道办事处、徐福街道办事处、龙港街道办事处、北马镇北部和黄山馆镇的西北部。这一区域地力状况较好，种植粮食、蔬菜和果树，属于高产田区。该区土壤质地多为轻壤，土层厚，肥力高，坡度小，农业基础设施配套，年灌溉次数为3～4水。三至六级地分布主要集中在南部和东南部的低山丘陵区，北部沿海一些沙滩地也有零星分布。这些地区主要受灌溉条件、地面坡度以及土体厚度影响。其中，三级地和四级地属中产田类型，坡度相对较大，基础设施不完全配套，年灌溉次数为1～2水，只要改善水浇条件，产量就能大幅提高。五级地和六级地主要分布在南部和东南部山区的丘陵中上部，坡度相对较大，基础设施不配套，土体厚度和有效耕层薄，肥力低，灌溉条件相对较差，有的年灌溉次数只有1水，甚至没有灌溉条件。这部分耕地质地以沙壤和松沙为主，属于低产田类型，亟须改良利用。另外，在诸由观镇和龙港街道办事处北部沿海地带有少量的五级地，属沙滩地，土体通体为均沙质，灌溉水源丰富，但不保肥水，多采用滴灌。这一部分小区域需要长期的培肥改良，并结合先进的滴灌措施才能保证产量。

从等级的分布特征可以看出，等级的高低与地貌类型和土壤类型存在着密切的关系，呈现出明显的地域分布规律：随着耕地地力等级的升高，地貌类型沿着微斜平地、倾斜平地、近山阶地、坡麓梯田、荒坡岭这一方向变化，同时海拔升高；土壤类型由潮土、砂姜黑土、褐土、潮棕壤到棕壤再到棕壤性土向着石质土和粗骨土转化。

（二）耕地地力等级的行政区域划分

将龙口市耕地地力等级分布图与行政区划图进行叠置分析，从耕地地力等级行政区域分布数据库中，按权属字段检索出各等级的记录，统计出各级地在各地的分布状况（见表6-2和表6-3）。

表 6-2　　龙口市土地等级行政区域分布

行政区域		一级地	二级地	三级地	四级地	五级地	六级地	合　计
诸由观镇	面积(hm²)	3468.29	1998.95	903.21	104.29	148.39	2.27	6625.4
	百分比(%)	52.35	30.17	13.63	1.57	2.24	0.03	100
徐福街道办事处	面积(hm²)	838.58	1448.9	23.07	327.57	117.3	0	2755.42
	百分比(%)	30.43	52.58	0.84	11.89	4.26	0	100
龙港街道办事处	面积(hm²)	526.66	1651.54	825.37	291.12	218.01	0	3512.7
	百分比(%)	14.99	47.02	23.5	8.29	6.21	0	100
东莱街道办事处	面积(hm²)	1191.53	86.41	51.52	39.18	10.45	0	1379.09
	百分比(%)	86.4	6.27	3.74	2.84	0.76	0	100
新嘉街道办事处	面积(hm²)	820.87	479.52	0	0	0	0	1300.39
	百分比(%)	63.12	36.88	0	0	0	0	100
北马镇	面积(hm²)	2130.24	1112.61	505.71	466.99	619.05	273.25	5107.85
	百分比(%)	41.71	21.78	9.9	9.14	12.12	5.35	100
兰高镇	面积(hm²)	1394.41	1754.51	1068.29	817.99	347.09	50.69	5432.88
	百分比(%)	25.67	32.29	19.66	15.06	6.39	0.93	100
东江镇	面积(hm²)	738.43	109.06	272.02	310.62	299.64	321.78	2051.66
	百分比(%)	35.99	5.32	13.26	15.14	14.6	15.68	100
芦头镇	面积(hm²)	708.89	640.68	330.49	231.04	262.67	175.44	2349.21
	百分比(%)	30.18	27.27	14.07	9.83	11.18	7.47	100
石良镇	面积(hm²)	942.7	1636.46	1415.69	1438.6	1356.75	453.84	7244.03
	百分比(%)	13.01	22.59	19.54	19.86	18.73	6.27	100
黄山馆镇	面积(hm²)	2.47	1050.91	139.75	469.32	87.6	0	1750.05
	百分比(%)	0.14	60.05	7.99	26.82	5.01	0	100
下丁家镇	面积(hm²)	0	116.63	130.39	523.78	669.32	629.78	2069.9
	百分比(%)	0	5.63	6.3	25.3	32.34	30.43	100
七甲镇	面积(hm²)	10.68	258.57	881.69	1357.6	2129.8	454.73	5093.07
	百分比(%)	0.21	5.08	17.31	26.66	41.82	8.93	100
面积合计		12773.75	12344.75	6547.2	6378.1	6266.07	2361.78	46671.65

表 6-3 龙口市耕地与果园地力等级行政区域分布

行政区域		一级地	二级地	三级地	四级地	五级地	六级地	合 计
诸由观镇	耕地面积(hm^2)	1384.08	505.03	187.44	2.54	3.5	0	2082.59
	百分比(%)	66.46	24.25	9	0.12	0.17	0	100
	果园面积(hm^2)	2084.21	1493.92	715.77	101.75	144.89	2.27	4542.81
	百分比(%)	45.88	32.89	15.76	2.24	3.19	0.05	100
徐福街道办事处	耕地面积(hm^2)	487.52	793.29	13.83	123.24	5.27	0	1423.15
	百分比(%)	34.26	55.74	0.97	8.66	0.37	0	100
	果园面积(hm^2)	351.06	655.61	9.24	204.33	112.03	0	1332.27
	百分比(%)	26.35	49.21	0.69	15.34	8.41	0	100
龙港街道办事处	耕地面积(hm^2)	404.63	1110.52	425.96	165.55	36.8	0	2143.46
	百分比(%)	18.88	51.81	19.87	7.72	1.72	0	100
	果园面积(hm^2)	122.03	541.02	399.4073	125.57	181.21	0	1369.24
	百分比(%)	8.91	39.51	29.17	9.17	13.23	0	100
东莱街道办事处	耕地面积(hm^2)	710.73	19.36	11.55	17.77	0	0	759.41
	百分比(%)	93.59	2.55	1.52	2.34	0	0	100
	果园面积(hm^2)	480.8	67.05	39.97	21.41	10.45	0	619.68
	百分比(%)	77.59	10.82	6.45	3.46	1.69	0	100
新嘉街道办事处	耕地面积(hm^2)	407.35	336.33	0	0	0	0	743.68
	百分比(%)	54.77	45.23	0	0	0	0	100
	果园面积(hm^2)	413.52	143.19	0	0	0	0	556.71
	百分比(%)	72.97	25.27	0	0	0	0	100
北马镇	耕地面积(hm^2)	1664.59	950.01	390.33	374.54	396.8	65.17	3841.44
	百分比(%)	43.33	24.73	10.16	9.75	10.33	1.7	100
	果园面积(hm^2)	465.65	162.6	115.38	92.45	222.25	208.08	1266.41
	百分比(%)	36.77	12.84	9.11	7.3	17.55	16.43	100
兰高镇	耕地面积(hm^2)	215.22	431.61	294.85	273.22	124.74	1.74	1341.28
	百分比(%)	16.05	32.18	21.98	20.37	9.3	0.13	100
	果园面积(hm^2)	1179.19	1322.9	773.44	544.77	222.35	48.95	4091.6
	百分比(%)	29.12	32.67	19.1	13.45	5.49	1.21	100

续表

行政区域		一级地	二级地	三级地	四级地	五级地	六级地	合 计
东江镇	耕地面积(hm²)	378.9	38.68	106.96	13.69	1.68	3.21	543.23
	百分比(%)	69.75	7.12	19.69	2.52	0.31	0.59	100
	果园面积(hm²)	359.53	70.38	165.06	296.93	297.96	318.57	1508.43
	百分比(%)	23.83	4.67	10.94	19.68	19.75	21.12	100
芦头镇	耕地面积(hm²)	550.84	345.46	52.65	35.92	27.16	10.64	1022.67
	百分比(%)	53.86	33.78	5.15	3.51	2.66	1.04	100
	果园面积(hm²)	158.05	295.22	277.84	195.12	235.51	164.8	1326.54
	百分比(%)	11.91	22.25	20.94	14.71	17.75	12.42	100
石良镇	耕地面积(hm²)	53.37	290.37	379.29	450.37	441.9	100.83	1716.13
	百分比(%)	3.11	16.92	22.1	26.24	25.75	5.88	100
	果园面积(hm²)	889.33	1346.09	1036.4	988.23	914.85	353.01	5527.9
	百分比(%)	16.09	24.35	18.75	17.88	16.55	6.39	100
黄山馆镇	耕地面积(hm²)	0	365.89	39.32	290.86	13.7	0	709.77
	百分比(%)	0	51.55	5.54	40.98	1.93	0	100
	果园面积(hm²)	2.47	685.02	100.43	178.46	73.9	0	1040.28
	百分比(%)	0.24	65.85	9.65	17.15	7.1	0	100
下丁家镇	耕地面积(hm²)	0	0	4.19	21.86	34.92	15.23	76.2
	百分比(%)	0	0	5.5	28.69	45.83	19.99	100
	果园面积(hm²)	0	116.6315	126.2012	501.92	634.3953	614.55	1993.7
	百分比(%)	0	5.85	6.33	25.18	31.82	30.82	100
七甲镇	耕地面积(hm²)	6.76	99.37	293.51	231.22	442.29	112.93	1186.08
	百分比(%)	0.57	8.38	24.75	19.49	37.29	9.52	100
	果园面积(hm²)	3.92	159.2	588.18	1126.38	1687.51	341.8	3906.99
	百分比(%)	0.1	4.07	15.05	28.83	43.19	8.75	100
合计耕地		6263.99	5285.92	2199.88	2000.78	1528.76	309.75	17589.09
合计果园		6509.76	7058.83	4347.32	4377.32	4737.31	2052.02	29082.56

可以看出，一级地、二级地所占比例较高的为诸由观镇、徐福街道办事处、龙港街道办事处、东莱街道办事处、新嘉街道办事处、东江镇、北马镇、兰高镇，三级地、四级地所占比例较高的为石良镇、兰高镇、黄山馆镇，五级地、六级地所占比例较高的为七甲镇、石良镇、下丁家镇。

三、表层质地

本次耕地地力评价将第二次土壤普查时的九种类型概括为轻壤、沙土、沙壤、中壤、马牙砂土五种类型。表层质地是轻壤和中壤质地的，砂黏比例适宜，结构性好，易耕期长，毛管孔隙与通气比例适宜，水、肥、气、热状况协调，适种性广，生产潜力大。沙壤土和山丘区的壤质土砾石含量较多，黏粒较少，结构较散，通气和耕性好且耕期长，但保肥性差，作物生长后期易脱肥，这类质地最适宜种植红薯、花生等作物。表层质地是沙土和马牙砂土的，质地粗糙，结构松散，养分含量低，保肥性差，易旱。具体分布如表 6-4 和表 6-5 所示。

表 6-4　　龙口市耕地表层质地等级分布表

质　地	项　目	一级地	二级地	三级地	四级地	五级地	六级地	总计
轻壤	面积(hm^2)	4251.32	2968.19	821.53	605.84	261.8	9.03	8917.7
	百分比(%)	47.67	33.28	9.21	6.79	2.94	0.1	100
沙土	面积(hm^2)	0	73	52.09	101.29	85.25	45.49	357.13
	百分比(%)	0	20.44	14.59	28.36	23.87	12.74	100
沙壤	面积(hm^2)	93.1	909.57	225.68	256.88	378.29	183.06	2046.59
	百分比(%)	4.55	44.44	11.03	12.55	18.48	8.94	100
中壤	面积(hm^2)	1919.57	1335.15	1100.58	1036.76	803.44	69.76	6265.26
	百分比(%)	30.64	21.31	17.57	16.55	12.82	1.11	100
马牙砂土	面积(hm^2)	0	0	0	0	0	2.42	2.42
	百分比(%)	0	0	0	0	0	100	100

表 6-5　　龙口市果园表层质地等级分布表

质　地	项　目	一级地	二级地	三级地	四级地	五级地	六级地	总计
轻壤	面积(hm^2)	318.2	2104.83	640.38	1019.62	1818.79	1401.25	7303.06
	百分比(%)	4.36	28.82	8.77	13.96	24.9	19.19	100
沙土	面积(hm^2)	0	304.03	331.09	271.97	594.94	221.54	1723.57
	百分比(%)	0	17.64	19.21	15.78	34.52	12.85	100
沙壤	面积(hm^2)	4562.61	3636.25	1387.96	1485.42	1067.14	30.34	12169.73
	百分比(%)	37.49	29.88	11.41	12.21	8.77	0.25	100
中壤	面积(hm^2)	1623.84	1011.48	1988.83	1601.74	1259.37	319.94	7805.2
	百分比(%)	20.8	12.96	25.48	20.52	16.14	4.1	100
马牙砂土	面积(hm^2)	0	0	0	0	0	80.99	80.99
	百分比(%)	0	0	0	0	0	100	100

可以看出,耕地表层质地以轻壤为主,占总耕地面积的50.7%,其次是中壤和沙壤,分别占35.62%和11.64%。果园中沙壤最多,占总果园面积的41.85%,其次是中壤和轻壤,分别占26.84%和25.11%,另外还有5.93%的沙土。

四、土体厚度和构型

土体厚度是影响土壤资源利用和农业生产的重要因素之一。虽然作物根系分布主要集中在耕作层,但水分的供应主要依靠心土层和底土层。在同样土壤质地和结构的条件下,土体厚度与土壤储水量成正相关。

龙口市土体厚度为极薄层(<15cm)、薄层(15～30cm)和中层(30～60cm)的耕地分别占总耕地面积的2.43%、14.19%和7.78%,果园分别占总果园面积的5.59%、19.63%和11.46%。薄层和中层土体厚度的地块,其特点是土层浅薄,保肥水能力差,土壤肥力低,不耐旱,不抗涝,生产性能差,作物产量低而不稳。

厚层、深厚层(>60cm)的耕地占总耕地面积的75.6%,果园占龙口市总果园面积的63.32%。这部分土壤是粮作区的主体,土层深厚,保肥水能力强,养分含量高,抗逆性及生产性能好,适种性广,作物产量高。但有部分土壤在100cm土体内有障碍层次,是造成生产能力较低的重要原因,各类土体厚度面积如表6-6所示。

表6-6 耕地与果园土体厚度面积表

土体厚度	耕地面积(hm^2)	占总耕地面积(%)	果园面积(hm^2)	占总果园面积(%)
极薄层(<15cm)	427	2.43	1627	5.59
薄层(15～30cm)	2496	14.19	5708	19.63
中层(30～60cm)	1369	7.78	3333	11.46
厚层、深厚层(>60cm)	13297	75.6	18415	63.32
合　计	17589	100	29083	100

从产量水平看,厚层、深厚层土体的土壤产量最高,中层高于薄层,薄层高于极薄层。当土体厚度不足60cm时,土壤生产力随土体厚度的增加而提高;当土体厚度大于60cm时,其生产力除受土体厚度的影响,还取决于土体构型及科学种田水平的高低。市域内果园和耕地和果园土体构型面积如表6-7和表6-8所示。

表6-7 果园土体构型面积表

土体构型	项　目	一级地	二级地	三级地	四级地	五级地	六级地	总　计
均质沙壤	面积(hm^2)	22.91	1325.7	425.91	207.87	559.29	0	2541.68
	百分比(%)	0.9	52.16	16.76	8.18	22	0	100
沙壤壤心	面积(hm^2)	82.1	231.29	0	7.5	0	0	320.9
	百分比(%)	25.58	72.08	0	2.34	0	0	100

续表

土体构型	项 目	一级地	二级地	三级地	四级地	五级地	六级地	总 计
均质轻壤	面积(hm^2)	2588.63	1244.77	307.68	366.46	160.57	0	4668.11
	百分比(%)	55.45	26.67	6.59	7.85	3.44	0	100
沙壤黏心	面积(hm^2)	0	75.23	25.57	5.23	10.72	0	116.76
	百分比(%)	0	64.43	21.9	4.48	9.18	0	100
轻壤沙腰	面积(hm^2)	518.48	487.82	20.46	167.08	64.25	0	1258.09
	百分比(%)	41.21	38.77	1.63	13.28	5.11	0	100
轻壤黏心	面积(hm^2)	315.24	634.61	337.31	200.34	6.6	0	1494.1
	百分比(%)	21.1	42.47	22.58	13.41	0.44	0	100
沙壤壤腰	面积(hm^2)	195.28	542.59	5.39	102.44	0	0	845.7
	百分比(%)	23.09	64.16	0.64	12.11	0	0	100
沙壤沙腰	面积(hm^2)	17.9	105.12	56.8	32.63	0	0	212.45
	百分比(%)	8.43	49.48	26.74	15.36	0	0	100
中壤黏腰	面积(hm^2)	490.42	132.66	388.63	161.43	11.9	0	1185.05
	百分比(%)	41.38	11.19	32.79	13.62	1	0	100
沙壤黏底	面积(hm^2)	0	33.42	0	28.18	0	0	61.59
	百分比(%)	0	54.26	0	45.75	0	0	100
轻壤沙心	面积(hm^2)	301.86	320.7	114.94	15.1	86.85	0	839.45
	百分比(%)	35.96	38.2	13.69	1.8	10.35	0	100
轻壤黏腰	面积(hm^2)	772.1	330.55	114.44	103.03	0	0	1320.12
	百分比(%)	58.49	25.04	8.67	7.8	0	0	100
薄层	面积(hm^2)	0	84.14	835.27	1252.07	2737.1	1871.82	6780.4
	百分比(%)	0	1.24	12.32	18.47	40.37	27.61	100
中壤黏心	面积(hm^2)	616.63	335.88	524.56	288.64	23.32	0	1789.03
	百分比(%)	34.47	18.77	29.32	16.13	1.3	0	100
中层	面积(hm^2)	0	586.45	829.24	1189.89	1007.56	182.24	3795.38
	百分比(%)	0	15.45	21.85	31.35	26.55	4.8	100
轻壤沙底	面积(hm^2)	53.12	183.08	3.79	19.91	0	0	259.91
	百分比(%)	20.44	70.44	1.46	7.66	0	0	100
沙壤黏腰	面积(hm^2)	0	33.38	0	31.95	19.6	0	84.93
	百分比(%)	0	39.3	0	37.62	23.08	0	100

续表

土体构型	项 目	一级地	二级地	三级地	四级地	五级地	六级地	总 计
沙壤壤底	面积(hm^2)	0	1.29	0	13.35	22.71	0	37.34
	百分比(%)	0	3.45	0	35.75	60.82	0	100
中壤均质	面积(hm^2)	400.04	79.78	206.97	128.74	6.61	0	822.14
	百分比(%)	48.66	9.7	25.17	15.66	0.8	0	100
轻壤壤心	面积(hm^2)	13.18	9.58	25.81	0	5.27	0	53.85
	百分比(%)	24.48	17.79	47.93	0	9.79	0	100
中壤沙心	面积(hm^2)	90.76	58.74	49.24	0	0	0	198.75
	百分比(%)	45.67	29.55	24.77	0	0	0	100
中壤沙底	面积(hm^2)	0	34.54	9.01	0	0	0	43.55
	百分比(%)	0	79.31	20.69	0	0	0	100
中壤沙腰	面积(hm^2)	25.99	103.21	64.41	20.11	0	0	213.72
	百分比(%)	12.16	48.29	30.14	9.41	0	0	100
沙壤沙底	面积(hm^2)	0	56.45	0	0	0	0	56.45
	百分比(%)	0	100	0	0	0	0	100
轻壤黏底	面积(hm^2)	0	25.62	2.82	36.79	0	0	65.23
	百分比(%)	0	39.28	4.32	56.4	0	0	100
沙壤沙心	面积(hm^2)	0	0	0	0	17.89	0	17.89
	百分比(%)	0	0	0	0	100	0	100

表 6-8 耕地土体构型面积表

土体构型	项 目	一级地	二级地	三级地	四级地	五级地	六级地	总 计
均质轻壤	面积(hm^2)	2726.15	1627.59	169.53	96.72	11.07	0	4631.06
	百分比(%)	58.87	35.15	3.66	2.09	0.24	0	100
均质沙壤	面积(hm^2)	10.41	640.8	90.49	102.18	92.36	0	936.24
	百分比(%)	1.11	68.44	9.67	10.91	9.86	0	100
沙壤沙腰	面积(hm^2)	27.84	61.89	0	22.47	0	0	112.2
	百分比(%)	24.81	55.16	0	20.03	0	0	100
沙壤壤心	面积(hm^2)	9.63	32.32	0	20.55	0	0	62.5
	百分比(%)	15.41	51.71	0	32.88	0	0	100
中壤黏腰	面积(hm^2)	624.98	123.15	119.84	77.72	3.07	0	948.76
	百分比(%)	65.87	12.98	12.63	8.19	0.32	0	100

续表

土体构型	项 目	一级地	二级地	三级地	四级地	五级地	六级地	总 计
沙壤黏心	面积(hm^2)	0	38.12	0	0	0	0	38.12
	百分比(%)	0	100	0	0	0	0	100
轻壤沙腰	面积(hm^2)	363.18	333.95	40.58	60.67	8.84	0	807.22
	百分比(%)	44.99	41.37	5.03	7.52	1.1	0	100
轻壤黏腰	面积(hm^2)	424.52	212.85	121.75	58.26	0	0	817.37
	百分比(%)	51.94	26.04	14.9	7.13	0	0	100
薄层	面积(hm^2)	0	19.63	358.38	897.51	1114.07	290.63	2680.21
	百分比(%)	0	0.73	13.37	33.49	41.57	10.84	100
轻壤黏心	面积(hm^2)	324.02	607.37	47.66	16.37	0	0	995.41
	百分比(%)	32.55	61.02	4.79	1.64	0	0	100
轻壤沙心	面积(hm^2)	280.87	29.61	5.15	5.96	3.93	0	325.54
	百分比(%)	86.28	9.1	1.58	1.83	1.21	0	100
沙壤黏底	面积(hm^2)	0	3.16	0	0	0	0	3.16
	百分比(%)	0	100	0	0	0	0	100
轻壤沙底	面积(hm^2)	132.58	58.87	0	16.92	0	0	208.36
	百分比(%)	63.63	28.25	0	8.12	0	0	100
沙壤壤腰	面积(hm^2)	45.22	142.42	1.6	13.11	0	0	202.35
	百分比(%)	22.35	70.38	0.79	6.48	0	0	100
中壤黏心	面积(hm^2)	493.71	318.47	233.41	28.44	2.91	0	1076.93
	百分比(%)	45.84	29.57	21.67	2.64	0.27	0	100
中层	面积(hm^2)	0	141.75	639.58	523.8	290.27	19.12	1614.52
	百分比(%)	0	8.78	39.61	32.44	17.98	1.18	100
沙壤黏腰	面积(hm^2)	0	26.42	0	1.78	0	0	28.21
	百分比(%)	0	93.65	0	6.31	0	0	100
中壤均质	面积(hm^2)	757.2	171.17	61.97	36.46	2.25	0	1029.05
	百分比(%)	73.58	16.63	6.02	3.54	0.22	0	100
中壤沙心	面积(hm^2)	31.72	244.34	134.83	0	0	0	410.89
	百分比(%)	7.72	59.47	32.81	0	0	0	100
轻壤壤心	面积(hm^2)	0	0	14.99	0	0	0	14.99
	百分比(%)	0	0	100	0	0	0	100

续表

土体构型	项目	一级地	二级地	三级地	四级地	五级地	六级地	总计
中壤沙底	面积(hm²)	0	140.49	0	0	0	0	140.49
	百分比(%)	0	100	0	0	0	0	100
中壤沙腰	面积(hm²)	11.96	290.03	160.13	21.87	0	0	483.98
	百分比(%)	2.47	59.93	33.09	4.52	0	0	100
沙壤沙底	面积(hm²)	0	6.05	0	0	0	0	6.05
	百分比(%)	0	100	0	0	0	0	100
轻壤黏底	面积(hm²)	0	15.5	0	0	0	0	15.5
	百分比(%)	0	100	0	0	0	0	100

土体构型中，耕地均质轻壤、薄层面积较多，分别占总耕地面积的 26.32%和15.24%。果园中层、薄层、均质轻壤、均质沙壤面积较多，分别占总果园面积的 23.31%、16.51%、13.05%、8.73%。

第二节　耕地地力等级分述

一、一级地

(一)面积与分布

一级地综合评价指数高于 0.91，耕地和果园合计面积为 12773.75hm²，占龙口市耕地和果园总面积的 27.37%，在龙口市 6 个级别的地力分级中分布面积所占比例最大。其中耕地面积为 6263.99hm²，果园面积为 6509.76hm²，分别占一级地面积的 49.04%和50.96%(见表 6-9)。

表 6-9　　一级地各利用类型面积

利用类型	评价单元(个)	面积(hm²)	占耕地和果园总面积(%)	占一级地面积(%)
耕地	1160	6263.99	13.45	49.04
果园	1131	6509.76	13.92	50.96
合计	2291	12773.75	27.37	100

一级地主要分布在诸由观镇、徐福街道办事处、东莱街道办事处、新嘉街道办事处、东江镇、芦头镇、北马镇、兰高镇等地，其中以诸由观镇面积最大，为 3468.29hm²，占全镇总耕地面积的 52.35%，占龙口市一级地的 27.15%。七甲镇、黄山馆镇有少量分布，下丁家镇境内没有一级地分布。

(二)主要属性

一级地主要分布在洪积扇中部以下的开阔地，土壤类型以非石灰性河潮土、潮棕壤为主。地貌类型以微斜平地、山间泊地、倾斜平地为主。耕层质地为轻壤和沙壤。土体构型多为均壤质和壤质黏腰，其特点是上松下黏，无障碍层次，适宜耕作，保肥水效果好。地势平坦，土层厚度大于100cm，土壤理化性状良好，可耕性强，农田水利等基础设施完善，灌溉保证率较高。土壤养分含量整体较高，尤其是有效磷含量处于较高水平，有机质、全氮、速效氮和速效钾含量中等，而北部沿海地带的全氮和速效氮含量较低。缓效钾部分地块含量较低，为3级或4级水平。中量元素硫和微量元素铁、锰、铜、锌、硅都很丰富，而钙和镁普遍缺乏，钙、镁平均含量分别处于8级和6级水平。微量元素硼和钼平均含量中等，大部分处于2、3级水平。土壤酸碱度大部分都在适宜范围内，土壤理化性状良好，有小面积的夹黏障碍层，总体上可耕性强（见表6-10和表6-11）。

表6-10 一级耕地主要土壤养分含量及水平

一级地	有机质(g/kg)	有效磷(mg/kg)	速效钾(mg/kg)	有效锌(mg/kg)	有效硼(mg/kg)	碱解氮(mg/kg)	有效锰(mg/kg)	pH	有效铜(mg/kg)
平均值	13.9	72.2	165	5.39	0.72	117	118.2	6.3	6.27
最小值	6.5	16.3	65	1.93	0.21	57	26.6	5.1	1.52
最大值	22.4	195.1	385	7.28	1.77	275	157.4	8	10.47
含量水平	中等	较高	中等	丰富	中等	中等	丰富	中等	丰富

一级地	有效铁(mg/kg)	有效钼(mg/kg)	有效硫(mg/kg)	全氮(g/kg)	缓效钾(mg/kg)	交换性镁(mg/kg)	交换性钙(mg/kg)	有效硅(mg/kg)
平均值	147.2	0.17	125.6	1.08	874	175	512	221.02
最小值	22.7	0.02	35.2	0.42	467	75	177	49.39
最大值	209.9	0.67	362.8	1.82	1677	272	964	498.63
含量水平	丰富	中等	丰富	中等	中等	较低	较低	较高

表6-11 一级果园主要土壤养分含量及水平

一级地	有机质(g/kg)	有效磷(mg/kg)	速效钾(mg/kg)	有效锌(mg/kg)	有效硼(mg/kg)	碱解氮(mg/kg)	有效锰(mg/kg)	pH	有效铜(mg/kg)
平均值	13.5	75.8	171	5.76	0.7	110	113.2	6	6.95
最小值	6.8	16.4	58	2.07	0.15	53	25.9	4.9	1.91
最大值	21.6	193.8	394	7.35	1.93	216	157.3	7.9	10.5
含量水平	中等	较高	中等	丰富	中等	中等	丰富	中等	丰富

续表

一级地	有效铁 (mg/kg)	有效钼 (mg/kg)	有效硫 (mg/kg)	全氮 (g/kg)	缓效钾 (mg/kg)	交换性镁 (mg/kg)	交换性钙 (mg/kg)	有效硅 (mg/kg)
平均值	144.1	0.18	130.5	1.06	870	174	525	195.89
最小值	23.1	0.02	34.2	0.51	520	80	138	47.26
最大值	210	0.65	418	1.98	1746	273	992	482.34
含量水平	丰富	中等	丰富	中等	中等	较低	较低	较高

(三)存在问题

一是土壤各养分含量存在一定差异,有效磷含量普遍较高,而氮、钾和有机质含量中等,氮、磷、钾比例不符合粮田 3∶1∶(2.5～3)以及普通果树 1∶0.5∶1 的生长要求;钙、镁含量较低,而硫、铁、锰、铜、锌、硅含量丰富,部分地块硼含量偏低,果树种植中要求钙、镁含量高而锰不宜过多,否则对果树生产不利。二是土壤肥力与高产、高效农业的需求还有一定差距,特别是有机质含量普遍偏低且提升缓慢,保肥水性能降低。

存在问题的原因:一是该区域在施肥上重化肥、轻有机肥,并且习惯施用氮、磷、钾含量相同的复合肥,从而造成土壤有机质相对较低,同时有效磷含量偏高。二是随着旋耕机械的普及,深耕面积急剧减少,土壤结构变差,耕性不良。三是由于农户虽然注重中微量元素的使用,但市场上微肥质量较差。有效硫含量丰富是因为农民施用的化肥多以硫基复合肥为主,而锰丰富原因之一是果农在打药时经常使用代森锰锌杀菌剂。四是部分地块化学除草剂的不合理、过量使用,对土壤环境造成了一定破坏,抑制了作物的生长。

(四)改良利用

一级地是龙口市综合性能最好的耕地,各项评价指标均良好,土层厚,易耕作,排灌性好,保肥水性较好,整体养分含量高,适于各种作物生长,是丰产耕地。利用方向是继续以发展粮食生产为主,适当发展高产、优质、高效的地方特色农业,如无公害蔬菜、温室反季节瓜果、大姜、草莓栽培等。为此,应采取以下改良利用对策:

(1)从龙口实际出发,本着严格保护基本农田的原则,控制其他非农业建设占用农田,统筹安排各类用地,提高土地利用率,保护和改善生态环境。

(2)优化施肥制度,合理施用有机肥和化肥。广辟肥源,增施有机肥,实施秸秆还田和果园生草,增加土壤有机质含量。实施测土配方平衡施肥,防止土壤酸化和土壤污染,进一步提高耕地质量。

(3)采取项目带动等措施,加大宣传力度,转变农民观念,提高种地、养地的认识,实施精细高效管理,提倡深耕改土,打破犁底层,消除土壤板结,可每隔两年深耕一次。进一步加大对农业的投入,完善农田配套设施,推进现代管理模式,提高防御自然灾害的能力,提升农业综合生产能力。

(4)科学灌溉,避免大水漫灌。提倡因地采取喷灌和滴灌等节水灌溉措施,节水的同时要防止土壤养分流失,并保持土壤物理结构。

二、二级地

(一)面积与分布

二级地综合评价指数为0.82～0.91,耕地和果园合计面积为12344.75hm²,占龙口市耕地和果园总面积的26.45%,其中耕地面积为5285.92hm²,果园面积为7058.83hm²,分别占二级地面积的42.82%和57.18%(见表6-12)。

表6-12 二级地各利用类型面积

利用类型	评价单元(个)	面积(hm²)	占耕地和果园总面积(%)	占二级地面积(%)
耕地	1015	5285.92	11.35	42.82
果园	1158	7058.83	15.1	57.18
合计	2173	12344.75	26.45	100

二级地主要分布在诸由观镇、徐福镇、龙港街道办事处、新嘉街道办事处、北马镇、兰高镇、芦头镇、石良镇和黄山馆镇,其中以诸由观镇分布面积最大,为1998.95hm²,占该镇耕地面积的30.17%,占龙口市二级地的16.19%。芦头镇、七甲镇、下丁家镇、东莱街道办事处、东江镇等有少量分布。

(二)主要属性

二级地主要分布在东南部低山丘陵区坡麓梯田的下部及河流两岸和西北部滨海平原区。土壤类型以砂姜黑土、河潮土和典型棕壤为主,表层质地主要是轻壤、沙壤和中壤,土体构型以均质轻壤、均质沙壤、黏心轻壤、沙腰轻壤为主。微地貌类型以近山阶地、山间泊地、河滩地以及微斜和倾斜洪积平原、缓平地为主。地势较平坦,土层厚,土壤理化性状良好,部分地块存在夹沙、夹砂姜层、浅黏层,近山阶地中有少量的夹砾石层,总体上可耕性较强。农田水利设施较完善,灌排条件良好,灌溉保证率较高。土壤养分含量整体上与一级地类同,只略低于一级地水平。但东南部和西南部果树种植区有一定面积的土壤pH为4.5～5.5,土壤偏酸(见表6-13和表6-14)。

表6-13 二级耕地主要土壤养分含量及水平

二级地	有机质(g/kg)	有效磷(mg/kg)	速效钾(mg/kg)	有效锌(mg/kg)	有效硼(mg/kg)	碱解氮(mg/kg)	有效锰(mg/kg)	pH	有效铜(mg/kg)
平均值	13.4	71.7	162	5.57	0.68	111	114.9	6.2	6.69
最小值	6.3	14.2	60	1.67	0.32	50	23.1	5.1	2.08
最大值	22.5	158.6	449	7.35	1.71	236	157.5	8	10.49
含量水平	中等	较高	中等	丰富	中等	中等	丰富	中等	丰富

续表

二级地	有效铁 (mg/kg)	有效钼 (mg/kg)	有效硫 (mg/kg)	全氮 (g/kg)	缓效钾 (mg/kg)	交换性镁 (mg/kg)	交换性钙 (mg/kg)	有效硅 (mg/kg)
平均值	134.7	0.18	142.1	1.04	891	179	548	202.34
最小值	32.1	0.04	34	0.36	477	69	171	45.73
最大值	209.9	0.59	321	1.76	1722	286	881	481.54
含量水平	丰富	中等	丰富	中等	中等	较低	较低	中偏上

表 6-14　二级果园主要土壤养分含量及水平

二级地	有机质 (g/kg)	有效磷 (mg/kg)	速效钾 (mg/kg)	有效锌 (mg/kg)	有效硼 (mg/kg)	碱解氮 (mg/kg)	有效锰 (mg/kg)	pH	有效铜 (mg/kg)
平均值	12.6	70.5	156	5.53	0.65	102	111.1	5	7.16
最小值	5.5	13.9	58	1.32	0.26	41	18	4.9	2.28
最大值	23.1	214.4	383	7.35	1.55	265	157.4	8.1	10.49
含量水平	中等	较高	中等	丰富	中等	中等	丰富	中等	丰富
二级地	有效铁 (mg/kg)	有效钼 (mg/kg)	有效硫 (mg/kg)	全氮 (g/kg)	缓效钾 (mg/kg)	交换性镁 (mg/kg)	交换性钙 (mg/kg)	有效硅 (mg/kg)	
平均值	135	0.18	145.52	1	877	180	551	170.21	
最小值	27.7	0.04	41.6	0.51	471	59	205	42.16	
最大值	209.6	0.61	360.1	2.12	2024	313	936	488.26	
含量水平	丰富	中等	丰富	中等	中等	较低	较低	中等	

(三)存在问题

一是部分区域地块耕层中存在少量障碍性层次，主要表现为西北部滨海平原区的砂姜黑土有部分地块存在夹砂姜层，东南部山丘区的典型棕壤存在浅位夹黏夹少量砾石，这是由于土壤本身的结构造成的，需要长期的耕作过程来逐渐减少这些障碍层次。二是小部分耕地地形部位稍高，坡度相对较大(7°～10°)，土体厚度较一级地薄。三是由于配套的水利设施还不十分完善，一小部分耕地灌溉水平不高，不能充分满足生产需要。四是由于施肥不合理，造成土壤养分含量不协调。主要表现为部分地块有效钙、镁缺乏，有机质和有效硼含量不高，而有效锰与有效磷含量较高，部分果园 pH 偏低。

(四)改良利用

针对以上问题，应该采取以下合理改良利用措施：

(1)土壤障碍层次的改良。深翻改土，增施有机肥料，因地制宜，实行秸秆直接还田或过腹还田，对部分 pH 偏低的地块，使用石灰或酸土改良剂改良。通过精耕细作的集约化管理，逐渐减少砾石，消除夹黏层和砂姜层，改良土壤质地和构型，以利于作物根系的伸展。

(2)配套完善农田基础建设。兴修水利,对地势较高的地块增加扬水站建设,铺设地下固定管道,推广滴灌、微喷等节水灌溉技术,提高灌溉保证率。

(3)科学合理施肥。合理配方施肥,使养分保持在适宜范围内。

(4)在不减少粮田种植面积的基础上,可适当发展蔬菜和特色果树。北部滨海平原区可种植大姜、草莓,南部近山阶地可发展大樱桃。

三、三级地

(一)面积与分布

三级地综合评价指数为0.71～0.82,耕地和果园合计面积为6547.2hm²,占龙口市耕地和果园总面积的14.03%,其中耕地面积为2199.88hm²,果园面积为4347.32hm²,分别占三级地面积的33.6%和66.4%(见表6-15)。

表6-15　三级地各利用类型面积

利用类型	评价单元(个)	面积(hm²)	占耕地与果园总面积(%)	占三级地面积(%)
耕地	434	2199.88	4.71	33.6
果园	621	4347.32	9.32	66.4
合计	1055	6547.2	14.03	100

三级地主要分布在石良镇、兰高镇、诸由观镇、龙港街道办事处、七甲镇,其中以石良镇分布面积最大,为1415.69hm²,占该镇耕地面积的19.86%,占三级地的21.71%。东莱街道办事处有零星分布。

(二)主要属性

三级地主要分布在东南部低山丘陵区的坡麓梯田中部和西北部滨海平原区的滩地。土壤类型以典型棕壤为主,表层质地主要是轻壤和沙壤,土体构型以均质轻壤、均质沙壤、黏心轻壤为主。微地貌类型主要以坡麓梯田、岭坡梯田为主。地势较平坦,整体上土层较厚,土壤理化性状良好,部分地块存在土层薄、夹沙层、浅黏层,近山阶地中有小面积的夹砾石层,总体上可耕性较强。农田水利设施较为完善,灌排条件良好。土壤养分含量与二级地类同,整体上比较理想,部分地块有机质和有效硼、有效硅含量较二级地含量低,其他养分含量略低于二级地的含量(见表6-16和表6-17)。

表6-16　三级耕地主要土壤养分含量及水平

三级地	有机质(g/kg)	有效磷(mg/kg)	速效钾(mg/kg)	有效锌(mg/kg)	有效硼(mg/kg)	碱解氮(mg/kg)	有效锰(mg/kg)	pH	有效铜(mg/kg)
平均值	13.4	64.4	149	5.08	0.6	108	112.4	6.3	6.92
最小值	6.2	10.1	55	1.08	0.26	38	57.3	4.9	2.15
最大值	25.1	185.9	445	7.32	1.35	288	157.1	8	10.5
含量水平	中等	中等	中等	丰富	中等	中等	丰富	中等	丰富

续表

三级地	有效铁(mg/kg)	有效钼(mg/kg)	有效硫(mg/kg)	全氮(g/kg)	缓效钾(mg/kg)	交换性镁(mg/kg)	交换性钙(mg/kg)	有效硅(mg/kg)
平均值	147.9	0.15	121	1.02	920	194	513	190.82
最小值	36.4	0.05	26.1	0.52	461	65	151	56.97
最大值	209.8	0.36	301.4	1.84	1958	315	819	492.07
含量水平	丰富	中等	丰富	中等	中等	较低	较低	中偏上

表 6-17　三级果园主要土壤养分含量及水平

三级地	有机质(g/kg)	有效磷(mg/kg)	速效钾(mg/kg)	有效锌(mg/kg)	有效硼(mg/kg)	碱解氮(mg/kg)	有效锰(mg/kg)	pH	有效铜(mg/kg)
平均值	12.7	66.2	157	5.52	0.59	101	108.2	5.1	7.14
最小值	5.5	12.5	53	1.11	0.28	37	32.2	4.9	2.15
最大值	25.7	165.1	388	7.35	1.27	241	156.8	7.9	10.49
含量水平	中等	中等	中等	丰富	中等	中等	丰富	中等	丰富

三级地	有效铁(mg/kg)	有效钼(mg/kg)	有效硫(mg/kg)	全氮(g/kg)	缓效钾(mg/kg)	交换性镁(mg/kg)	交换性钙(mg/kg)	有效硅(mg/kg)
平均值	140.6	0.15	123	0.99	945	186	523	167.31
最小值	28.2	0.06	23.1	0.53	410	62	106	45.16
最大值	208.9	0.41	306.9	2.13	2083	314	937	454.41
含量水平	丰富	中等	丰富	中等	中等	较低	较低	中等

(三)存在问题

一是部分地块耕层由于土壤本身的结构,存在少量障碍层次,主要表现为西北部滨海平原区的滨海潮土有部分地块存在夹沙层,东南部山丘区的典型棕壤存在浅位夹黏夹少量砾石。二是部分地块坡度相对较大,土体厚度为薄层(15～30cm)。三是南部山丘区部分耕地由于地形部位稍高,耕地大平小不平,配套的水利设施还不完善,甚至有极少面积的地块只靠周边的小型水库储存的地表水或自然降雨来灌溉,不能充分满足生产需要。四是养分整体上与二级地类同,主要表现为钙、镁缺乏,有部分地块的有机质和有效硼含量偏低,而有效锰、有效硫含量较高。

(四)改良利用

针对以上问题,应采取以下合理改良利用措施:

(1)南部坡麓地带地形部位较高,土体厚度薄,北部沿海沙壤土质地粗,保肥水能力较弱,应平田整地,深翻改土,增施有机肥料,加厚土层提高有机质含量,改善土壤物理性状,培肥地力。

(2)精耕细作,逐渐消除障碍层次,同时完善农田基础配套设施,兴修水利,节水灌溉。

(3)进行科学合理的肥水运筹,坚持配方施肥,平衡养分。

(4)北部沿海地带可适当发展酿酒葡萄,南部近山阶地可发展大樱桃、黄县长把梨等果树。

四、四级地

(一)面积与分布

四级地综合评价指数为0.62～0.71,耕地和果园合计面积为6378.1hm^2,占龙口市耕地和果园总面积的13.67%,其中耕地面积为2000.78hm^2,果园面积为4377.32hm^2,分别占四级地面积的31.37%和68.63%(见表6-18)。

表6-18　四级地各利用类型面积

利用类型	评价单元(个)	面积(hm^2)	占耕地与果园总面积(%)	占四级地面积(%)
耕地	388	2000.78	4.3	31.37
果园	569	4377.32	9.37	68.63
合计	957	6378.1	13.67	100

四级地主要分布于石良镇、七甲镇、下丁家镇,其中以石良镇分布面积最大,为1438.6hm^2,占该镇耕地面积的19.86%,占四级地面积的22.56%。徐福镇、北马镇、东江镇、芦头镇、兰高镇和黄山馆镇等有少量分布。

(二)主要属性

四级地主要分布在东南部低山丘陵区的坡麓梯田中上部,西北部滨海平原区的滩地有小面积分布。土壤类型以棕壤性土为主,表层质地主要是轻壤、沙壤和中壤。土体构型以薄层和中层土体厚度以及均质沙轻壤为主。微地貌类型主要以坡麓、岭坡梯田和岭地为主,海拔较高,坡度较大。整体上土层较薄,土壤理化性状良好,部分地块存在土层薄、夹砾石层,但总体上可耕性较强。农田水利设施尚不完善,灌溉保证率较低。土壤有机质整体较低,部分果园的pH为4.5～5.5,部分地块全氮、速效钾、有效硫、有效硼、有效钼含量中等偏下,其他养分处于中等及以上水平(见表6-19和表6-20)。

表6-19　四级耕地主要土壤养分含量及水平

四级地	有机质(g/kg)	有效磷(mg/kg)	速效钾(mg/kg)	有效锌(mg/kg)	有效硼(mg/kg)	碱解氮(mg/kg)	有效锰(mg/kg)	pH	有效铜(mg/kg)
平均值	12.8	57	140	5.3	0.55	100	107	6.1	6.68
最小值	6.2	6.5	56	0.76	0.31	53	44.7	5.3	2.67
最大值	22	152.6	436	7.35	1.31	219	156.2	7.5	10.47
含量水平	中等	中等	中等	丰富	中等	中等	丰富	中等	丰富

续表

四级地	有效铁(mg/kg)	有效钼(mg/kg)	有效硫(mg/kg)	全氮(g/kg)	缓效钾(mg/kg)	交换性镁(mg/kg)	交换性钙(mg/kg)	有效硅(mg/kg)
平均值	143.4	0.16	132.2	1	942	198	522	157.27
最小值	34.8	0.02	41.8	0.54	586	60	73	58.16
最大值	209.9	0.53	391.6	2.39	1620	302	871	379.71
含量水平	丰富	中等	丰富	中等	中等	较低	低	中等

表 6-20　　四级果园主要土壤养分含量及水平

四级地	有机质(g/kg)	有效磷(mg/kg)	速效钾(mg/kg)	有效锌(mg/kg)	有效硼(mg/kg)	碱解氮(mg/kg)	有效锰(mg/kg)	pH	有效铜(mg/kg)
平均值	13.1	62.1	149	5.73	0.57	99	103	6	7.52
最小值	5.9	11.4	52	2.14	0.32	45	25.5	5.2	2.28
最大值	22.4	180.9	462	7.35	1.02	242	156.8	8.2	10.48
含量水平	中等	中等	中等	丰富	中等	中等	丰富	中等	丰富

四级地	有效铁(mg/kg)	有效钼(mg/kg)	有效硫(mg/kg)	全氮(g/kg)	缓效钾(mg/kg)	交换性镁(mg/kg)	交换性钙(mg/kg)	有效硅(mg/kg)
平均值	139.9	0.17	118.1	1.02	1010	185	518	157.48
最小值	35.2	0.04	31.3	0.5	556	53	128	45.86
最大值	209.9	0.56	324.8	2.5	2285	307	803	375.88
含量水平	丰富	中等	丰富	中等	较高	较低	较低	中等

(三)存在问题

一是东南部山丘区土体厚度为薄层和中层,部分地块土体内存在障碍层次或耕层存在少量砾石,影响作物生长。北部滨海地带的小部分地块通体为沙壤,保肥水能力较差。二是部分地块坡度相对较大,易引起水土流失。三是整体上灌溉水平较差,部分地块还靠天吃饭。四是养分不平衡,主要表现钙、镁缺乏,部分地块的有机质、有效钾、有效硫、有效硼、有效钼含量偏低。

(四)改良利用

针对以上问题,应该采取以下合理改良利用措施:

(1)南部低山丘陵区中部地带地形部位高,地块坡度较大,土体厚度相对薄,部分地块存在障碍层次,整体上要平整土地,增施有机肥,增加土体厚度,减少土体内的砾石,改善物理性状。兴修水利,增挖塘坝和扬水站或铺设地下输水管道,采用节水灌溉模式,提高灌溉保证率。

(2)北部沿海的均沙质地块,要通过增施有机肥料来逐渐增加土层厚度和有机质含量，同时加强农田基础配套设施，采用节水灌溉模式提高灌溉保证率和灌溉水利用率。

(3)进行科学合理的肥水运筹，坚持配方施肥，平衡养分。

(4)发展旱作节水农业。南部近山阶地可利用山区环境好、无污染的特点，引导鼓励农民发展绿色品牌果品和优质油料生产。

五、五级地

(一)面积与分布

五级地综合评价指数为0.51～0.62，共6266.07hm^2，占龙口市耕地和果园总面积的13.43%。其中耕地面积为1528.76hm^2，果园面积为4737.31hm^2，分别占五级地面积的24.4%和75.6%(见表6-21)。

表6-21 五级地各利用类型面积

利用类型	评价单元(个)	面积(hm^2)	占耕地与果园总面积(%)	占五级地面积(%)
耕地	366	1528.76	3.28	24.4
果园	590	4737.31	10.15	75.6
合计	956	6266.07	13.43	100

五级地主要分布在七甲镇、石良镇、下丁家镇、北马镇，其中以七甲镇分布面积最大，为2129.8hm^2，占该镇耕地面积的41.81%，占五级地的33.99%。兰高镇、东江镇、芦头镇、诸由观镇、龙港街道办事处有少量分布，诸由观镇、龙港街道办事处的五级地主要分布在沿海地带。

(二)主要属性

五级地土壤类型以棕壤性土为主，表层质地主要是沙壤、轻壤和沙土，土体构型以土体厚度为薄层和中层的为主，还有部分均质沙壤。微地貌类型主要以岭坡梯田、岭地、海滩、河漫滩为主，除沿海地带，其余地块海拔较高，坡度较大。近山阶地中有一定面积的夹砾石层，总体上可耕性较强。农田水利设施尚不完善，灌溉保证率较低。土壤有机质整体上偏低，小部分园地pH为4.5～5.5，部分地块有效硼、有效硫、有效钼含量偏低，其他养分为中等及以上水平(见表6-22和表6-23)。

表6-22 五级耕地主要土壤养分含量及水平

五级地	有机质(g/kg)	有效磷(mg/kg)	速效钾(mg/kg)	有效锌(mg/kg)	有效硼(mg/kg)	碱解氮(mg/kg)	有效锰(mg/kg)	pH	有效铜(mg/kg)
平均值	12.3	53.5	127	5.84	0.57	97	106.2	6.1	7.19
最小值	6.6	13.7	50	1.3	0.24	61	47.1	5.2	3.05
最大值	23.1	151	305	7.35	1.41	243	157.1	7.6	10.5
含量水平	中等	中等	中等	丰富	中等	中等	丰富	中等	丰富

续表

五级地	有效铁(mg/kg)	有效钼(mg/kg)	有效硫(mg/kg)	全氮(g/kg)	缓效钾(mg/kg)	交换性镁(mg/kg)	交换性钙(mg/kg)	有效硅(mg/kg)
平均值	142.5	0.16	115.4	0.93	1067	193	494	169.6
最小值	41.8	0.03	25.5	0.47	597	75	105	42.26
最大值	208.8	0.39	223.1	1.92	2150	299	752	490.32
含量水平	丰富	中等	丰富	中等	较高	较低	低	中等

表 6-23　五级果园主要土壤养分含量及水平

五级地	有机质(g/kg)	有效磷(mg/kg)	速效钾(mg/kg)	有效锌(mg/kg)	有效硼(mg/kg)	碱解氮(mg/kg)	有效锰(mg/kg)	pH	有效铜(mg/kg)
平均值	12.5	56.3	130	5.37	0.56	95	104.5	6.1	7.56
最小值	5.8	13.4	37	1.82	0.12	41	17	5.3	3.15
最大值	20.8	126.3	323	7.33	1.89	204	156.5	7.8	10.5
含量水平	中等	中等	中等	丰富	中等	中等	丰富	中等	丰富

五级地	有效铁(mg/kg)	有效钼(mg/kg)	有效硫(mg/kg)	全氮(g/kg)	缓效钾(mg/kg)	交换性镁(mg/kg)	交换性钙(mg/kg)	有效硅(mg/kg)
平均值	135.8	0.16	119.7	0.94	1029	191	525	158.69
最小值	26.6	0.01	38.4	0.45	581	77	151	36.29
最大值	208	0.37	355.2	1.65	2202	297	819	480.66
含量水平	丰富	中等	丰富	中等	较高	较低	较低	中等

(三)存在问题

该级地主要分布在山丘区的荒坡岭和坡麓梯田上,土体中存在障碍层次,地形坡度较大,土体厚度薄,灌溉水平低,农田基础配套设施不完善,土壤结构性差,保肥水能力差,养分易淋失,土壤养分整体偏低,不能充分保证作物正常生长。近年来,这部分耕地一直是中低产田改造的重点。

(四)改良利用

整修梯田,复修加高地堰,挖好排水沟,防止水土流失,逐步加厚土体,提高土壤的保肥能力和抗旱能力;增施有机肥,改良土壤结构,改善理化性状,培肥地力,提高土壤的生产性能。这部分地块可以营造水土保持林,因地制宜地发展耐旱耐瘠作物,利用环境好、无污染的特点,引导鼓励农民发展绿色无公害果品生产或发展经济林,实行多种经营,增加收入。

六、六级地

(一)面积与分布

六级地综合评价指数低于0.51,面积为2361.77hm²,占龙口市耕地和果园总面积的5.06%。其中耕地面积为309.75hm²,果园面积为2052.02hm²,分别占六级地面积的13.12%和86.88%(见表6-24)。

表6-24　六级地各利用类型面积

利用类型	评价单元(个)	面积(hm²)	占耕地与果园总面积(%)	占六级地面积(%)
耕地	107	309.75	0.66	13.12
果园	324	2052.02	4.4	86.88
合计	431	2361.77	5.06	100

六级地主要分布在下丁家镇、石良镇、七甲镇,其中以下丁家镇分布面积最大,为629.78hm²,占该镇耕地面积的30.43%,占六级地的26.67%。东江镇、北马镇、芦头镇、兰高镇、诸由观镇和龙港街道办事处的沿海地带有少量或零星分布。

(二)主要属性

该级地土壤类型以棕壤性土为主,土壤表层质地主要以沙壤和沙土为主。土体构型为薄层和中层,障碍层次是夹砾石层。微地貌类型主要以岭坡梯田以及岭地为主,海拔较高,坡度较大,土壤淋溶强度较大,不利于保水、保肥。农田水利设施尚不完善,灌溉条件相对较差,灌溉保证率较低。土壤养分含量整体上与五级地持平(见表6-25和表6-26)。

表6-25　六级耕地主要土壤养分含量及水平

六级地	有机质(g/kg)	有效磷(mg/kg)	速效钾(mg/kg)	有效锌(mg/kg)	有效硼(mg/kg)	碱解氮(mg/kg)	有效锰(mg/kg)	pH	有效铜(mg/kg)
平均值	11.9	57.9	141	5.57	0.55	102	103.2	5.9	8.63
最小值	7.2	10.2	59	3.6	0.37	61	49.2	5.1	5.69
最大值	16.1	164.1	287	7.09	1.36	220	151.2	6.9	10.45
含量水平	中等	中等	中等	丰富	中等	中等	丰富	中等	丰富

六级地	有效铁(mg/kg)	有效钼(mg/kg)	有效硫(mg/kg)	全氮(g/kg)	缓效钾(mg/kg)	交换性镁(mg/kg)	交换性钙(mg/kg)	有效硅(mg/kg)
平均值	157.3	0.15	121.7	0.95	1035	187	485	150.7
最小值	65.2	0.05	59.7	0.54	617	85	117	39.78
最大值	210	0.46	218.3	1.4	1469	275	771	466.77
含量水平	丰富	中等	丰富	中等	较高	较低	低	中等

表 6-26　　六级果园主要土壤养分含量及水平

六级地	有机质 (g/kg)	有效磷 (mg/kg)	速效钾 (mg/kg)	有效锌 (mg/kg)	有效硼 (mg/kg)	碱解氮 (mg/kg)	有效锰 (mg/kg)	pH	有效铜 (mg/kg)
平均值	13.1	58	141	5.64	0.54	99	104.8	6.2	8.3
最小值	7.3	19	67	2.37	0.33	65	45.7	5	5.36
最大值	22	177.4	345	7.31	1.62	173	157.3	7.4	10.5
含量水平	中等	中等	中等	丰富	中等	中等	丰富	中等	丰富

六级地	有效铁 (mg/kg)	有效钼 (mg/kg)	有效硫 (mg/kg)	全氮 (g/kg)	缓效钾 (mg/kg)	交换性镁 (mg/kg)	交换性钙 (mg/kg)	有效硅 (mg/kg)
平均值	138.3	0.15	121.2	0.99	1235	189	542	160.14
最小值	34.5	0.03	39.3	0.58	612	92	180	34.39
最大值	209.5	0.49	393.9	1.92	1725	283	802	450.72
含量水平	丰富	中等	丰富	中等	丰富	较低	较低	中等

(三)存在问题

该级地大多处于山丘陵坡，地面坡度和土体淋溶强度较大，养分易流失，土壤大多是粗骨土类，土层薄，质地粗，较多土层中夹杂砾石，物理性状较差，有机质含量普遍较低，灌溉水平较低，大部分靠天吃饭。

(四)改良利用

该级地自身生产条件和外部生产环境都较差，所以要合理地改良利用这些耕地。一是平整土地，修筑高标准的梯田，减少水土及养分流失。二是加强配套基础设施建设，因地制宜地充分利用山区自然条件，修筑塘坝，提高雨水保蓄能力，提高灌溉保证率。三是增施有机肥，培肥土壤，提高地块保蓄肥水能力。这部分地块，可适当发展抗旱耐瘠的经济作物或经济林。

第三节　耕地地力等级符合性检验

根据 2011 年 8 月全国农技中心对测土配方施肥项目县耕地地力评价的要求，龙口市农业局对耕地地力与实际情况符合性进行了检验。

根据地力评价地力分级图，将不同地力分级的地力评价点所在地块的面积和产量进行加权统计平均，折算成相应的粮食产量，粮田按 1 折 1、油料按 1 折 2、蔬菜按 3 折 1 分别赋予各级地不同地力的产量水平，具体如表 6-27 所示。

表 6-27　　耕地地力评价结果面积与产量统计表

等　级	一级地	二级地	三级地	四级地	五级地	六级地	总　计
面积(hm^2)	6263.99	5285.92	2199.88	2000.78	1528.76	309.75	17589.09
单产(kg/hm^2)	15810	14145	12070	10560	9096	7500	
总产(kg)	99033682	74769338	26552552	21128237	13905601	2323125	237713034

龙口市一级地、二级地、三级地主要是小麦、玉米一年两作或蔬菜一年两至三作;四级地、五级地一般为春玉米与花生(或红薯)和蔬菜两年三作或花生一年一作;六级耕地主要为一年一作,种植春玉米、春花生或红薯。

由表 6-28 看出,根据农业行业标准,按照各级地产量水平,龙口市的一级地、二级地相当于农业部一级耕地,三级地、四级地、五级地、六级耕地分别相当于农业部二级耕地、三级耕地、四级耕地、五级耕地。

表 6-28　　龙口市不同地力分级对应全国地力分级表

等　级	全国粮食产量(kg/hm^2)	龙口市粮食产量(kg/hm^2)	折小麦产量(kg/hm^2)	折玉米产量(kg/hm^2)
一级耕地	>13500	15810	7290	8520
二级耕地	12000～13500	14145	6675	7470
三级耕地	10500～12000	12070	5710	6360
四级耕地	9000～10500	10560	4880	5680
五级耕地	7500～9000	9096		
六级耕地	6000～7500	7500		
七级耕地	4500～6000			

龙口市不同地力分级赋予的产量水平:一级地的产量水平为年单产粮食 15810kg/hm^2,其中折年单产小麦 7290kg/hm^2、玉米 8250kg/hm^2;二级地的产量水平为年单产粮食 14145kg/hm^2,其中折年单产小麦 6675kg/hm^2、玉米 7470kg/hm^2;三级地的产量水平为年单产粮食 12070kg/hm^2,其中折年单产小麦 5710kg/hm^2、玉米 6360kg/hm^2;四级地的产量水平为年单产粮食 10560kg/hm^2,其中折年单产小麦 4880kg/hm^2、玉米 5680kg/hm^2;五级地的产量水平为年单产粮食 9096kg/hm^2;六级地的产量水平为年单产粮食 7500kg/hm^2。

在对每个地力分级赋予相应的粮食产量水平后,对每级地赋予的粮食产量进行符合性检验。按照不同地力水平的面积,在所有 2008～2010 年的耕地地力评价点中,根据不同地力面积比例均匀分布,随机选取 144 个耕地地力点作为调查点,进村入户调查取土化验前 3 年粮食平均产量,按照粮田 1 折 1、油料 1 折 2、蔬菜 3 折 1,调查结果如表 6-29 和表 6-30 所示。

表 6-29　　不同地力分级基础情况调查表

地力级别	调查点数	年粮食产量(t)	地形部位	农田基础设施	灌溉水源	排灌能力	表层质地
一级地	46	15627	滨海平原	基本配套	井水	中等	中壤、轻壤
二级地	42	14002	滨海平原、缓平坡地	基本配套	井水	中等	轻壤、中壤、沙壤
三级地	20	12179	缓平坡地、滨海滩地	基本配套	水库、井水	中等	沙壤、轻壤、壤质土
四级地	14	10785	丘陵缓坡、缓平坡地、滨海沙滩地	基本配套	水库、井水	中等	壤质土、沙壤、轻壤
五级地	14	9090	丘陵中、下部的缓坡地段	不配套	水库或无水源	中等	壤质土、石碴土、薄层中壤土
六级地	8	7520	山地丘陵中、上部，海拔较高，坡度较大或低洼渍水地段	不配套	水库或无水源	中等	石碴土、壤质土、粗沙土
合计	144						

表 6-30　　不同地力分级理化性状调查表

地力级别	容重 (g/cm^3)	有机质 (g/kg)	全氮 (g/kg)	有效磷 (mg/kg)	速效钾 (mg/kg)
一级地	1.27	13.9	1.08	72.2	165
二级地	1.3	13.4	1.04	71.7	162
三级地	1.32	13.4	1.02	64.4	149
四级地	1.38	12.8	1	57	140
五级地	1.5	12.3	0.93	53.5	127
六级地		11.9	0.95	57.9	141

144 户小样本不同地力点的实地调查统计结果表明，龙口市各级耕地的调查产量水平与通过所有地力评价点赋予的相应地力的产量水平基本吻合。实地调查产量：一级地、二级地相当于农业部一级耕地，三级地、四级地、五级地、六级地分别相当于农业部二级耕地、三级耕地、四级耕地、五级耕地。

结合各级地的立地条件、理化性状来分析，一级地和二级地主要分布在滨海平原，表层质地以中壤和轻壤为主，土层深厚，耕层容重平均为 1.27～1.3g/cm^3，土壤物理性状良好，保肥、保水力较强，土壤有机质含量较高，有效养分丰富，农田基础设施配套，灌溉保证率高，所以是理想的高产田。三级地主要分布在缓平坡地、滨海平原边缘，表层质地以轻壤和沙壤为主，土体厚度以中层为主，耕层容重平均为 1.32g/cm^3，土壤物理性状较好，土壤有机质含量较高，有效养分较丰富，农田基础设施基本配套，灌溉保证率较高。四级地主要分布在丘陵缓坡、缓平坡地，部分为滨海沙滩地，表层质地以沙壤和轻壤为主，土体厚度较薄，土壤通透性较好，但保肥、保水能力相对较差，土壤有机质含量中等，有效养分较低，农田基础设施基本配套，但灌溉保证率较低，不能完全满足作物生长发育的需要，一定程度上影响了作物产量。五级地和六级地主要分布在山地丘陵中下部的缓坡地段，部分分布在丘陵上部，海拔较高，坡度相对较大，表层质地以壤质土、粗沙土和石碴土为主，土体厚度较薄，土壤通透性较好，但保肥、保水能力差，土壤有机质和有效养分含量低，农田基础设施不配套，灌溉水源是周边的小水库或靠天吃饭，灌溉保证率低，不能满足作物生长发育需要，直接影响了作物产量。

通过实地的产量调查和生产环境综合来看，龙口市耕地的不同地力评级客观地反映了不同地力水平。根据龙口市统计年鉴提供的统计数字，2008～2010 年龙口市农作物总产如表 6-31 所示。

表 6-31　　2008～2010 年龙口市农作物总产量统计表

年　份	粮食(t)	油料(t)	蔬菜(t)	折粮食合计(t)
2008	122600	9459	274990	232580
2009	131142	9657	243434	231599
2010	127026	10056	229165	223525
三年平均				229235

由表 6-28 和表 6-31 可以看出，根据赋予的各级耕地的产量水平和面积，统计出的龙口市年耕地农作物年总产量(折粮食)23.7713 万吨与龙口市 2008～2010 年农作物平均年总产量(折粮食)22.9235 万吨基本相符，说明赋予的产量水平反映了生产实际水平，耕地地力评价的结果基本符合龙口市农业生产实际情况。

第三篇 耕地改良与利用

第七章 耕地改良利用分区

第一节 耕地改良利用分区原则与分区系统

一、改良利用分区原则

耕地改良利用区划的基本原则是，从耕地自然条件出发，主导性、综合性、实用性和可操作性相结合。按照因地制宜、因土适用、合理利用和配置耕地资源，充分发挥各类耕地的生产潜力，坚持用地与养地相结合、近期与长远相结合的原则进行。以土壤组合类型、肥力水平、改良方向和主要改良措施的一致性为主要依据。同时，考虑地貌、气候、水文和生态等条件以及植被类型，参照历史与现状等因素综合考虑进行分区。通过分区，分别指明各区的有利因素和影响当前生产发展的主要问题及今后发展方向，并提出改良利用措施和意见，因土种植，因土改良，为建设高产、稳产田提供依据。

二、改良利用分区系统

根据耕地改良利用原则，将影响耕地利用的各类限制因素归纳为耕地自然环境要素、耕地土壤养分要素和耕地土壤物理要素，将全区耕地改良利用划分为三个改良利用类型区，即耕地自然环境条件改良利用区、耕地土壤培肥改良利用区、耕地土壤整治改良利用区，并分别用大写字母 E、N 和 P 表示。各改良利用类型区内，再根据相应的限制性主导因子，续分为相应的具体改良利用亚类。

第二节 耕地改良利用分区方法

一、改良利用分区因子的确定

耕地改良利用分区因子是指参与评定改良利用分区类型的耕地诸属性。由于影响的因素很多，根据耕地地力评价，遵循主要因素原则、差异性原则、稳定性原则、敏感性原则，进行限制主导因素的选取。考虑与耕地地力评价中评价因素的一致性，各土壤养分的丰缺状况及其相关要素的变异情况，选取耕地土壤有机质含量、有效磷含量、速效钾含量、有效锌含量和有效硼含量因素作为耕地土壤养分状况的限制性主导因子；选取灌溉保证率、坡度和有效土层厚度作为耕地自然环境状况的限制性主导因子；选取耕层质地条件和土体构型作为耕地土壤物理状况的限制性主导因子。

二、改良利用分区标准

依据农业部《全国中低产田类型划分与改良技术规范》，根据山东省各市区耕地地力评价资料，综合分析目前山东省各耕地改良利用因素的现状水平，同时针对影响龙口市耕地利用水平的主要因素，邀请具有土壤管理经验的相关专家进行分析，制定了耕地改良利用各主导因子的分区及其耕地改良利用类型的确定标准，具体分级标准如表 7-1 所示。

表 7-1 耕地改良利用主导因子分区标准

耕地改良利用区划	限制因子	代号	分区标准
耕地土壤培肥改良利用区(N)	有机质(o,g/kg)	No	＜12
	有效磷(p,mg/kg)	Np	＜15
	速效钾(k,mg/kg)	Nk	＜100
	有效锌(zn,mg/kg)	Nzn	＜0.5
	有效硼(b,mg/kg)	Nb	＜0.5
耕地自然环境条件改良利用区(E)	灌溉保证(i,%)	Ei	灌溉保障率低于50%
	坡度(s,°)	Es	＞10°
	有效土层(d,cm)	Ed	＜60cm
耕地土壤整治改良利用区(P)	耕层质地(t)	Pt	沙土、沙壤、粗沙土
	土体构型(c)	Pc	土体中有障碍层次

三、改良利用分区方法

在 GIS 支持下，利用耕地地力评价单元图，根据耕地改良利用各主导因子分区标准在其相应的属性库中进行检索分析，确定各单元相应的耕地改良利用类型，通过图面编辑生成耕地改良利用分区图，并统计各类型面积比例。

第三节 耕地改良利用分区专题图的生成

一、耕地土壤培肥改良利用分区图的生成

根据耕地土壤养分限制因素分区标准，把耕地有机质分为两类，即有机质改良利用区和有机质非改良利用区，有机质改良利用区用代号 No 标注。同样，有效磷改良利用区用代号 Np 标注，速效钾改良利用区用代号 Nk 标注，有效锌改良利用区用代号 Nzn 标注，有效硼改良利用区用代号 Nb 标注，编辑生成耕地土壤培肥改良利用分区图（见图 7-1）。

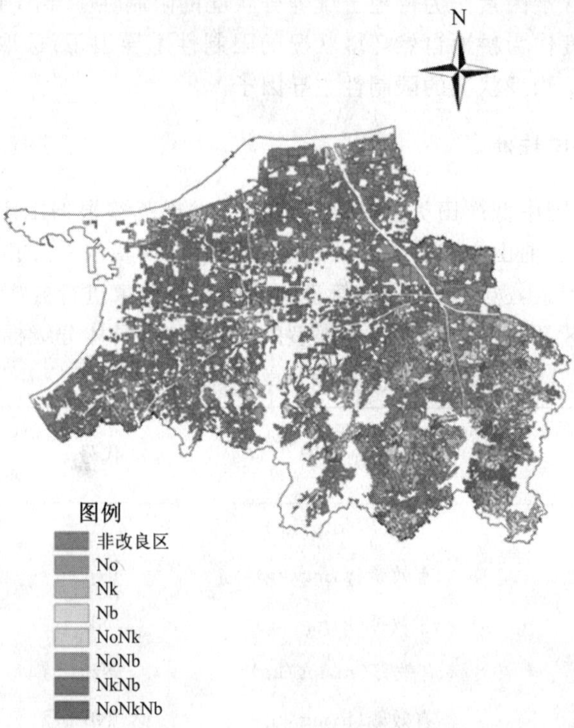

图 7-1 耕地土壤培肥改良利用分区图

二、耕地自然环境条件改良利用分区图的生成

根据耕地自然环境条件限制因素分区标准，进行耕地改良利用分区。灌溉保证条件分为灌溉保证条件改良利用区和灌溉保证条件非改良利用区，改良利用区用代号 Ei 标注；坡度条件分为坡度条件改良利用区和坡度条件非改良利用区，坡度条件改良利用区用代号 Es 标注；有效土层厚度分为有效土层改良利用区和有效土层非改良利用区，有效土层改良利用区用代号 Ed 标注。标注结果如图 7-2 所示。

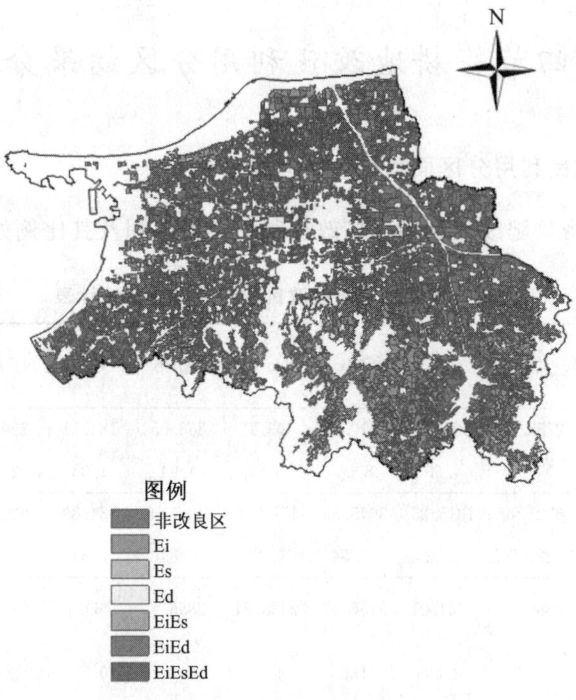

图 7-2　耕地自然环境条件改良利用分区图

三、耕地土壤整治改良利用分区图的生成

根据耕地土壤条件限制因素分区标准，耕地表层质地条件改良利用区用代号 Pt 标注，耕地土体构型改良利用区用代号 Pc 标注。在 GIS 下，检索生成耕地土体整治改良利用分区图(见图 7-3)。

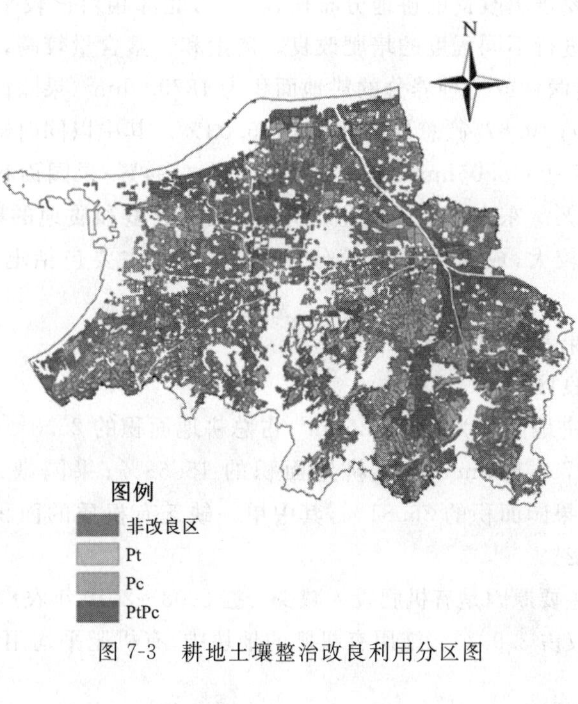

图 7-3　耕地土壤整治改良利用分区图

第四节 耕地改良利用分区结果分析

一、土壤培肥改良利用分区面积统计及问题分析

龙口市耕地土壤培肥改良利用区各改良利用类型面积及其比例如表 7-2 所示。

表 7-2 耕地与果园土壤培肥改良利用分区面积统计表

改良利用分区		No	Nk	Nb	NoNk	NoNb	NkNb	NoNkNb	非改良区	合计
耕地	面积(hm^2)	2758.57	825.76	1510.49	463.15	868.05	184.21	360.49	10618.37	17589.09
	百分比(%)	15.68	4.69	8.59	2.63	4.94	1.05	2.05	60.37	100
果园	面积(hm^2)	6521.44	1315.25	3645.58	1575.06	1988.65	184.89	620.43	13231.27	29082.56
	百分比(%)	22.42	4.52	12.54	5.42	6.84	0.64	2.13	45.5	100
耕地与果园合计	面积(hm^2)	9280.01	2141.01	5156.07	2038.21	2856.7	369.1	980.92	23849.63	46671.65
	百分比(%)	19.88	4.59	11.05	4.37	6.12	0.79	2.1	51.1	100

由图 7-1 和表 7-2 可以看出，龙口市土壤主要养分状况总体较好，其中耕地比果园总体养分状况略好，非改良耕地面积为 23849.63hm^2，占总耕地面积的 51.1%。

土壤养分的特点是：

第一：耕地中单一养分缺乏较普遍，主要是有机质、有效硼和速效钾在不同区域有不同程度的缺乏。需要培肥改良的耕地分布比较广泛，北部相对比较平坦的地区和南部的丘陵区耕地均需要进行不同程度的培肥改良。磷素和锌素含量较高，不需培肥改良。

第二：同时缺乏两种或三种养分的耕地面积为 1875.9hm^2，果园面积为 4369.03hm^2，分别占总耕地面积的 10.67%、总果园面积的 15.03%。其中以同时缺乏有机质和有效硼比例最大，耕地面积为 868.05hm^2，占总耕地面积的 4.94%；果园面积为 1988.65hm^2，占总果园面积的 6.84%。东南部山区受生产条件、土壤类型和质地的影响，同时缺乏两种或三种养分的面积较大，成为主要的养分综合缺乏区，主要包括七甲镇、石良镇、下丁家镇。

各改良分区结果及问题分析如下：

(一)有机质改良区

缺乏有机质的耕地面积为 4450.26hm^2，占总耕地面积的 25.3%，其中单一养分缺乏有机质的面积为 2758.57hm^2，占总耕地面积的 15.68%；果园缺乏有机质的面积为 10705.58hm^2，占总果园面积的 36.81%，其中单一缺乏有机质的面积为 6521.44hm^2，占总果园面积的 22.42%。

有机质缺乏的主要原因是有机肥投入减少。据 2008～2010 年农户施肥调查统计，粮田施用有机肥的比例仅占 3.98%。施用有机肥的地块中，有机肥平均用量为 21.67t/hm^2，其

中春季播种的作物施用有机肥的比例比其他作物相对高一些，尤其是花生、红薯，小麦施用有机肥的比例较低，只占3.03%。果园施用有机肥的比例比粮田高一些，占39.98%，施用有机肥的地块有机肥平均用量为22.9t/hm^2。粮田虽然有机肥投入减少，但由于连年不断的秸秆还田，保证了一部分有机质的积累，所以，有机质含量比果园略高。

（二）有效硼改良区

平原区缺硼面积较小，东南部山区是主要缺硼区，其中石良镇缺硼面积较大。缺乏有效硼的耕地面积为2923.24hm^2，占总耕地面积的16.63%，其中单一养分缺硼的面积为1510.49hm^2，占总耕地面积的8.59%；果园缺乏有效硼的面积为6439.55hm^2，占总果园面积的22.15%，其中单一缺乏硼的面积为3645.58hm^2，占总果园面积的12.54%。

缺硼的主要原因是东南部山区以棕壤性土为主，质地多为沙土、石碴土、粗沙土、马牙砂土等，因为黏粒和有机质含量少，吸附有效硼的能力弱，加之通透性强，有效硼易遭淋失，所以土壤易缺乏有效硼。平原地带部分有机质含量极贫乏的沿海地带，同时伴随缺硼。由于南部低山丘陵区主要以种植果树为主，产量较高，对硼的吸收量也大。一方面由于农户不注重对微量元素的使用，另一方面由于硼肥质量得不到保证，导致硼元素入不敷出，因而出现缺硼现象。

（三）速效钾改良区

速效钾虽然不是缺乏最严重的养分，但缺乏范围很广，平原、山区均有不同程度的缺乏。缺乏速效钾的耕地面积为1833.61hm^2，占总耕地面积的10.42%，其中单一养分缺速效钾的面积为825.76hm^2，占总耕地面积的4.69%；果园缺乏速效钾的面积为3695.63hm^2，占总果园面积的12.71%，其中单一缺乏速效钾的面积为1315.25hm^2，占总果园面积的4.52%。

速效钾缺乏的主要原因是土壤中积累得少、作物带走得多。近年来，随着高产粮油品种的推广、作物产量的提高，增加了作物对土壤钾素的吸收，作物从土壤中带走的钾素多。钾肥价格的不断上升，导致了农民对钾肥的施用不足，粮田有的甚至不施钾肥。另外，沙质土壤吸收容量小，钾易于流失。因此，滨海潮土区和山区较易缺钾。

从各类型面积比例看出，耕地土壤培肥改良区应注重有机肥料的施用，广辟肥源，创造条件扩大秸秆还田的面积，果园还可通过种植绿肥作物提高土壤有机质含量。速效钾和有效硼缺乏区还应增施钾肥和硼肥，注意合理配方施肥，同时增加有机肥料的施用，逐步提高土壤有机质和钾元素、硼元素含量。

二、自然环境条件改良利用分区面积统计及问题分析

龙口市耕地自然环境条件改良利用区各改良利用类型面积及其比例如表7-3所示。

表 7-3　　耕地与果园自然环境条件改良利用分区面积统计表

改良利用分区		Ei	Es	Ed	EiEs	EiEd	EiEsEd	非改良区	合 计
耕地	面积(hm^2)	2957.85	26.36	83.53	80.55	81.35	17.55	14341.9	17589.09
	百分比(%)	16.82	0.15	0.47	0.46	0.46	0.1	81.54	100
果园	面积(hm^2)	8744.71	52.63	200.38	766.31	612.15	320.1	18386.28	29082.56
	百分比(%)	30.07	0.18	0.69	2.63	2.11	1.1	63.22	100
耕地与果园合计	面积(hm^2)	11695.77	78.98	283.79	845.75	692.66	337.13	32737.57	46671.65
	百分比(%)	25.06	0.17	0.61	1.81	1.48	0.72	70.14	100

由图 7-2 和表 7-3 可以看出，龙口市耕地自然环境条件相对较好，由于自然环境条件受地势影响较大，因此，北部地形坡度较小的平原区明显好于南部山区。在对耕地自然环境条件分析的基础上，得出 70.14%的耕地面积不需改良，需要改良的耕地主要分布在南部地区。

(一)灌溉保证条件改良区

灌溉保证条件需要改良的耕地面积为 3137.3hm^2，占总耕地面积的 17.84%，其中单一需要改良灌溉保证条件的面积为 2957.85hm^2，占总耕地面积的 16.82%；果园面积为 10443.27hm^2，占总果园面积的 35.91%，其中单一需要改良灌溉保证条件的面积为 8744.71hm^2，占总果园面积的 30.07%。该区主要集中在七甲镇、石良镇、北马镇南部，这些耕地所处地形部位较高，水源不充足，水利设施不配套；西北部沿海地带也有部分耕地(如徐福镇北边)需要进行灌溉保证条件改良，加强水利设施投入，治理海滩。

(二)坡度条件改良区

坡度条件需要改良的耕地面积为 124.46hm^2，占总耕地面积的 0.71%，其中单一需要改良坡度条件的面积为 26.36hm^2，占总耕地面积的 0.15%；果园面积为 1139.04hm^2，占总果园面积的 3.91%，其中单一需要改良坡度条件的面积为 52.63hm^2，占总果园面积的 0.18%。该区面积较少，主要分布在南部山区的部分果园，如七甲镇、石良镇等，坡度较大的耕地应改为梯田，以减少冲刷和淋溶，同时加强梯田修整力度、平整土地，通过增施有机肥料逐步培肥土壤，加强保水、保肥性。

(三)有效土层厚度改良区

有效土层厚度需要改良的耕地面积为 182.43hm^2，占总耕地面积的 1.03%，其中单一需要改良有效土层厚度的面积为 83.53hm^2，占总耕地面积的 0.47%；果园面积为 1132.63hm^2，占总果园面积的 3.9%，其中单一需要改良有效土层厚度的面积为 200.38hm^2，占总果园面积的 0.69%。该区面积不仅比较小，而且较为分散，需要改良坡度条件的地区多数同时伴随有效土层厚度的改良问题。这些耕地处于地势较高、坡度较大的地带，淋溶强，水土保持力较差，应进行深耕改土以加厚有效土层，或多种植林木，减少水土流失，不断加强有效土层厚度。

耕地自然环境条件改良利用的主要方向为改善耕地灌溉条件，尤其是南部山区，通过修整塘堰，加大水利设施投入，提高农业科学化程度，发展滴灌、喷灌等节水灌溉设施建设，提高灌溉保证率。另外，增加有效土层厚度，防止水土流失，保护耕层土壤。

三、土壤整治改良利用分区面积统计及问题分析

龙口市耕地土壤整治改良利用区各改良利用类型面积及其比例如表 7-4 所示。

表 7-4　耕地与果园土壤整治改良利用分区面积统计表

改良利用分区		Pt	Pc	PtPc	非改良区	合　计
耕地	面积(hm^2)	66.32	7756.73	2339.81	7426.23	17589.09
	百分比(%)	0.38	44.1	13.3	42.22	100
果园	面积(hm^2)	201.69	11979.52	8905.94	7995.41	29082.56
	百分比(%)	0.7	41.19	30.62	27.49	100
耕地与果园合计	面积(hm^2)	268.01	19736.25	11245.75	15421.64	46671.65
	百分比(%)	0.57	42.29	24.1	33.04	100

由图 7-3 和表 7-4 可以看出，龙口市耕地土壤结构整体略差，不需改良的耕地面积为 15421.64hm^2，占总耕地面积的 33.04%。需要改良的面积分布比较广泛，如黄水河流域附近、龙港街道办事处、徐福街道办事处北边、石良镇、七甲镇、下丁家镇、东江镇南部、芦头镇南部等。以耕地土体构型改良区面积最大，其次是耕层为沙壤、沙土或耕层中含有石碴土、粗沙土、紧沙土、松沙土等障碍性层次。

（一）表层质地改良区

表层质地较差的耕地面积为 2406.13hm^2，占总耕地面积的 13.68%；果园面积为 9107.63hm^2，占总果园面积的 31.32%。分布在龙口市各处，以沿海、河流附近较为集中，如黄水河流域附近、龙港街道办事处、徐福街道办事处北部，耕层质地多为沙壤、紧沙土、松沙土等，南部山区质地较粗，表层质地多为粗沙土、马牙砂土、石碴土等，都需改良。

（二）土体构型改良区

土体构型较差的耕地面积为 10096.54hm^2，占总耕地面积的 57.4%，其中单一条件较差的耕地面积为 7756.73hm^2，占总耕地面积的 44.1%；果园面积为 20885.46hm^2，占总果园面积的 71.81%，其中单一条件较差的果园面积为 11979.52hm^2，占总果园面积的 41.19%。土体构型改良区分布在除中部平原以外的耕地，是土壤整治改良的主要区。龙口市普遍存在的问题是夹沙、夹黏、砂姜层、酥石棚薄层中层、硬石底等，漏水、漏肥，通透性差等。夹黏易造成土壤通透性不良，汛期易发生土体滞水内涝，影响作物发育和田间管理；夹沙、夹砾石会造成漏肥、漏水，影响作物根系下扎；铁板沙层则阻碍土体水分的运行和根系下扎，不抗旱、不抗涝；砂姜层对作物的根系有抑制作用，严重时无根系伸入。

总之，北部平原区宜采取增施有机肥、秸秆还田等措施逐步改善偏沙的土壤表层质地；南部山区除采取上述措施，还应采取深耕等措施来改善不良的土体结构。

第五节 耕地改良利用对策及措施

一、增加经济投入，加大耕地保护力度

近几年，国家对农业的投入逐渐加大，农业研究项目增多，科研成果也越来越多，极大地推动了农业的发展，但同时也存在资金投入不均衡、科研成果转化率不高等问题，因此，加大资金投入仍然是农业生产发展的首要条件。要达到农业增产，就要增加对耕地的投入。资金投入的主要方向应该是中低产田的改造、相应配套设施的建设、因地制宜的科学规划、从长远出发调整作物布局、培肥地力、改善农业生产条件和农田生态环境、综合提高耕地质量，从而提高耕地利用的经济效益。

二、增施有机肥，平衡施肥，用养结合，培肥地力

多年来，龙口市在耕地开发利用上存在"重利用、轻培肥，重化肥、轻有机肥"的问题。化肥投入量逐年增加，有机肥投入量却逐年减少，且投入的化肥以氮肥、磷肥为主，不注重钙、镁和微量元素肥的施用，导致养分失衡，耕地地力下降。龙口市普遍存在有机质缺乏、速效钾偏低和微量元素特别是有效硼含量偏低等限制性因素，因此，要有针对性地改良需培肥区。

(1)增施有机肥，培肥地力，提高耕地有机质含量。应加大宣传推广力度，提高人们对使用有机肥的认识，培养有机肥和化肥相结合的施肥习惯。除了增施各种有机肥，西北部及中部较为平坦的区域还可采取秸秆还田、覆草、沼气水肥回田等方法；东南部山区没有秸秆还田条件的耕地，尤其是果园，可采用果园覆草、套种或间作绿肥、枝条入土、落叶归根等方法提高耕地有机质含量。

(2)根据需要增施钾肥和微量元素肥。针对速效钾和有效硼含量偏低的区域，应根据地力和作物需要确定合理的钾肥、硼肥施用量和施用时期。

总之，持续提高中低产耕地的基础地力，为农作物生长创造高产基础，必须用地与养地相结合。同时，利用中低产耕地调查评价成果，平衡施肥，不断培肥地力，实现中低产耕地资源的合理利用。

三、加强水利建设，改善灌溉条件，注重农田基本设施建设

水是作物生长不可缺少的，灌排条件与耕地的基础地力有着密切的关系。可以通过采取以下措施，有效利用自然降水，改善农田的土壤水分状况，推广节水灌溉技术，改善和扩大灌溉面积。

(1)加强水利建设规划和管理，健全灌溉工程，进一步完善灌区储水、输水、配水设备，减少输水渗漏。山地丘陵区应加强水渠、田埂的修筑，完善地下输水管网，因地制宜地采用滴灌、喷灌等节水灌溉模式，避免大水漫灌，防止水土流失，提高灌水利用率。

(2)人工富集天然降水，尤其是山区，充分利用大、中、小型水库和蓄水池塘等，将集纳雨水、拦截径流和蓄水有效结合起来，在作物需水的关键时期进行灌溉，解决作物需求和

降水错位间的矛盾，以充分发挥灌水的作用。

四、采用农业措施改良土壤质地、改善土体结构

南部山区耕地土壤限制性因素主要为土层薄，质地粗，保肥、保水能力差，要从调整土地利用结构和建设基本农田着手，改广种薄收为集约经营，改单一经营为农、林、牧、副全面发展，因地制宜，全面规划，综合治理。实行生物措施与工程措施相结合，坡地治理与沟道治理相结合，田间工程和蓄水保土农作相结合。具体做法是提高机械化程度，加深耕层，打破犁底层，逐渐加厚活土层；对山丘岭地中土层薄、难以深翻改造的耕地，应采取客土以黏压沙和增施有机物料加厚土层，改良土壤物理性状，提高土壤有效持水量，减少渗漏。

沿海地带耕地表层质地多为沙壤，保水、保肥性差，适宜种植果树，减少粮田种植面积，增施有机肥，逐渐培肥土壤。

五、集约化利用耕地资源，发展生态型可持续农业，改善生态环境

耕地生态环境质量的高低是保证农作物持续稳产高产、优质高效的重要前提。根据龙口市资源优势以及生态环境的特点，因地制宜地利用耕地资源。通过合理轮作、间套种等措施，提高复种指数，提高耕地资源的利用率；注重多物种、多层次、多时序、多种产业的有机结合，农、林、牧、副、渔并举，建立生态型可持续农业系统，达到经济、生态和社会效益的高度统一。另外，龙口市农业目前多为分散经营，不利于耕地资源规模化集约经营，应进一步探讨建立“公司＋农户”或各种专业化合作组织等耕地规模化集约经营模式，提高耕地资源的有效利用，实现规模化、机械化、标准化和产业化种植，使有限的耕地资源发挥最大的生产潜力，从而实现种植效益最大化，保持农、林、牧、渔之间的生态平衡，使耕地得以健康、持续的利用。

第八章 耕地资源合理利用

第一节 耕地资源的现状与特征

龙口市耕地资源利用现状主要是面积减少、后备资源不足、规模化程度低、农民自由随机种植性较强，特征是利用特点鲜明，农业设施化、机械化、复种指数高，质量优劣差异大等。

一、耕地资源现状

龙口市耕地与果园总面积为 46671.65hm^2。其中，耕地面积为 17589.09hm^2，占 37.69%（水浇地 16216.49hm^2，占耕地面积的 92.2%，旱地 1372.61hm^2，占耕地面积的 7.8%）；果园面积为 29082.56hm^2，占 62.31%。

（一）非农用地增加，耕地减少，占补难以平衡

1949 年耕地面积为 46067hm^2，2010 年减为 17589.09hm^2。龙口市人均占有耕地由 1949 年的 0.123hm^2减少为 2010 年的 0.028hm^2。

（二）耕地储备资源不足与优质土地被占用的矛盾

近年来，随着经济发展的突飞猛进，基础设施建设项目增多，高速公路、铁路、市政规划、引黄工程等建设项目也占用了部分土地，耕地后备资源不足。

（三）耕地和果园资源配置需进一步完善

农民自由随机种植性较强，科学配置意识需进一步提高，耕地和果园利用不够充分。

一是部分果园荒地逐年增加。劳动力转移和种植效益下降导致一些开发难度大的荒岭坡、荒沟撂荒现象增多，城镇郊区和发达村镇的优质耕地未能充分利用、合理流转，产量和效益未得到充分开发。

二是农经作物种植布局尚需科学规划调整。近几年，农经作物布局调整取得了重大成效，粮经比例日趋合理，但部分农民频繁调整种植作物种类，缺乏科学的规划，不能突出特色优势，导致耕地不能长期持续地合理利用。

（四）规模化程度低

目前，耕地和果园虽然有一部分是集约经营，但比例较小，仍以小生产体制为主，如山区发展水果和干果有较高的经济效益，但受生产条件所限，规模化程度较低。

二、耕地资源特征

(一)利用特点鲜明

主要表现在两个方面：一是作物布局特色明显，以果蔬为主，粮油次之；二是单位面积耕地产量、效益高。

东部平原和东南部山丘区以种植果树为主，粮油和蔬菜次之；南部和西南部丘陵区以果树为主，粮油次之。如石良镇、诸由观镇、兰高镇、七甲镇、东江镇、下丁家镇、芦头镇、北马镇、黄山馆镇南部，为苹果、葡萄、梨、大樱桃等特色经济作物区。中部地区同时兼顾粮油、果蔬，形成了集中连片的特色产业区，如北马镇东部和北部、东江镇、龙港街道办事处、徐福街道办事处、新嘉街道办事处、诸由观镇西部，以小麦、玉米为主要产区，果蔬次之。北马镇南部、芦头镇北部等 2000hm^2 大姜，龙港街道办事处草莓区，徐福街道办事处大棚蔬菜生产区，兰高镇、徐福街道办事处万亩鲜食葡萄优势生产区等。

(二)现代农业发展显著提升，农业设施化程度提高，耕地利用价值得到充分保障

由于设施农业在果蔬生产领域的普及应用及灌溉设施化，使特色农业推动力显著增强。近年来，依托市场带动、效益拉动、政府推动，冬季保护地栽培快速发展，大棚果蔬发展很快(大棚瓜菜、草莓的发展已具规模)。七甲镇、石良镇滴灌有机葡萄，兰高镇鲜食葡萄以及北马镇和龙港街道办事处葡萄避雨栽培规模不断扩大。农田基本建设投入力度加大，基础灌溉设施保障日趋优化。平原地区路、渠、井、林配套，山丘区库渠泵站水电配套，渠灌、管灌、喷灌、滴灌设施齐全，灌溉能力大大提高，有效地提升了抵御干旱的能力。

龙口市农业机械化程度全省第一、全国先进。不论农机拥有总量还是农机种类都较多，先进化程度较高，更新换代较快，能够满足生产需求，最大限度地解放了劳动力，基本保障了种、收、脱、运全程农业机械化；果蔬储运冷链化，效益显著提高。土地深耕、深松，小麦、玉米联合收割机的使用，长期实行作物秸秆还田，土壤种养结合，可持续生产能力增强。

(三)复种指数较高

粮食和蔬菜时空利用程度高，主要以优质高产小麦、玉米一年两作和小麦、玉米与花生轮作的两年三作以及一年两至三作蔬菜为主。

(四)土壤质量差异较大

平原区土层厚，土壤养分较丰富，而部分山丘区耕地土层薄，土壤地力水平有待提高，主要存在以下问题：

一是土壤地力水平参差不齐。部分粮田、果园有机质偏低，部分土壤酸化，黏重板结，理化性状较差，土壤水、肥、气、热不协调，影响了土壤肥力的提高。

二是耕地种植障碍因素较多。种植结构复杂，插花地多，难以统一进行耕作；农机具多样化，耕作模式多元化，耕作活土层深浅不一，影响种植业生产整体标准化及效益提升。

三是山丘区耕地综合基础设施不完全配套，农田基础设施的维护、更新、管理与现代农业的发展要求差距较大，投入不足，缺乏保障机制。

(五)潜力挖掘不够

当前，龙口市已经步入工业化、城镇化、现代化发展的快车道。城市发展和项目建设

需要大量的土地，但是土地资源有限，因此，根本的出路就在于节约、集约用地，同时不乱占、滥用土地，特别是不能浪费耕地。必须加大宣传，提高全民的土地安全意识和耕地保护观念；依靠科技进步提高土地产出率；加大农村土地整理的力度；加大种植业内部结构调整力度，大力推广间作套种、一年两作、两年三作等轮作换茬、立体栽培、保护地栽培等高产、高效栽培技术模式，应用农业新技术、新成果，发展标准化和产业化农业，最大限度地发挥耕地的生产潜力。

第二节　耕地改良的实践与效果

土壤的改良与培肥应做到三个结合，即农林牧产业有机结合，工程改造措施与生物循环措施结合，改良利用与长期地力培肥结合。按照中国现代农业发展基础要求，培肥地力应该纳入中长期规划，要因地制宜，搞好立体轮作，发展畜禽规模养殖，广积有机肥，引导鼓励作物秸秆还田，不断增加土壤有机质含量，促进土壤养分积累，实行科学的测土配方平衡施肥，提高土壤养分利用率。

一、根据各类农经作物吸肥规律、产量和质量目标要求，依据土壤、肥料特点合理施肥

作物的吸肥特点和规律性是科学施肥的根本依据。实施科学测土配方平衡施肥，推广科学的施肥管理模式，切实增强施肥的针对性、实效性，满足对作物质量和产量目标的要求，解决土壤的亚健康环境，生产优质安全的农产品，用地、养地与改良相结合。

耕地科学施肥管理模式：足量的充分腐熟的优质有机肥是基础，氮、磷、钾比例按各类农经作物吸肥规律、产量目标、肥料利用率合理配置；中微量元素肥料适量施用，不可缺少，也不能过量。此模式在经过一定时间应用后，实现了增产提质，效果明显。

近几年来，测土配方施肥技术日益完善，在各种作物上的增产、增效效果明显，各类作物示范增产幅度为5%～11%。龙口市粮油、果园共应用该技术 28000hm^2，平均亩增产39.3kg，亩节肥 7.8kg，平均亩节本增效 99.5 元，共节本增效 4179 万元。

二、大力发展畜禽规模养殖业，广辟肥源，增加土壤有机质

发展畜禽养殖业是积造有机肥的主要途径。增加土壤有机质的主要措施有：

(一)广积有机肥

农家肥来源广、成本低。在积肥、造肥过程中，要做到既保存好养分又避免黄土搬家，以提高肥料质量。在此基础上，把一切可用作肥源的材料都积造起来，集体安排泥场，保持农民搞好常年积肥。推广用干细土下栏，实行灰、粪、尿分积，提高保肥能力，从而提高农家肥质量。

(二)充分利用作物秸秆还田，果树落叶归根和生草栽培

长期实行秸秆还田是增加土壤有机质，培肥地力，提高作物产量的有效措施之一。积极发展蓄、沼、果蔬种植模式，利用作物秸秆等原料进行沼气池发酵，沼气水肥回田，培肥地力。粮田实行秸秆还田。目前，龙口市小麦全部实现秸秆还田，玉米还田达到 80%。果园推广生草栽培、落叶归根。

通过以上途径，龙口市耕地土壤有机质平均含量维持在 1.4%，果园土壤有机质平均含量由 2008 年的 1.24%提高到 1.4%。

三、改良部分酸化土壤

自第二次土壤普查到 2010 年，龙口市的种植业结构已发生了很大变化，粮经比例由原来的 9.2∶1 变为 0.6∶1。土壤 pH 粮田降低了 0.7、果园降低了 1.7，整体上土壤 pH 呈下降趋势，且果园下降幅度较大。针对这种现象，首先加大宣传力度，让农民充分认识到土壤酸化的危害，重视有机肥的施用，控制化肥的施用；其次，对龙口市目前的耕地和果园中 pH 在 5.5 以下的地块进行综合改良，全面实施测土配方施肥，粮田上实行小麦、玉米全部秸秆还田，果树上增施有机肥。在此基础上，根据 pH 情况合理使用酸土改良剂，通过一个或两个生育期来提高土壤 pH，以达到适宜生长的要求。

四、治理障碍层次，改善土壤物理性状

龙口市部分耕地和果园土壤存在一定的障碍层，影响肥力因素的协调和根系的发育。通过改良，逐渐减弱障碍层所引起的不良影响，改善土壤的物理性状，提高地力。

（一）加深耕层，熟化土壤

深耕、深翻可以加深耕层，打破犁底层，改善土壤通透性，促进养分转化，提高保水、保肥能力。耕地活土层一般在 20cm 左右，犁底层为 5～10cm，肥水蓄量少，根系发育受到抑制。通过加深机械作业深度，逐步加深耕作层，实施深耕、深松，使其逐步达到 35～40cm，改善土体的物理性状。

（二）因地制宜，客土改良

龙口市有一定面积的沿海、沿河沙壤土，采取客土以黏压沙，加厚土层与增施有机肥，改良土壤表层质地。另外，丘陵瘠薄地存在浅位夹沙、夹黏、极薄层和中层酥石底等各种障碍层次，采取逐年深翻整平，破除障碍层次，加深活土层，结合增施有机肥培肥土壤，配套基础设施。对于土体厚度小于 60cm、基岩是酥石层的山丘岭地，以及难以深翻改造的地块，采取客土以黏压沙，加厚土层。

结合龙口市中低产田改造项目和基本农田建设，推广深耕、微喷、滴灌等旱作栽培技术，粮食年平均单产达到 $12611kg/hm^2$，比对照增产 $4020kg/hm^2$，增产效果明显。

五、加大农田基础建设，兴修水利，排除渍涝，提高耕地级别

（一）加大农田水利建设

受自然地形、地貌影响，各行政区域年度自然降水量不均，年际变化也较大，为提高农业灌溉保证率，龙口市加大了农田水利建设。据水利部门统计，现有大小水库塘坝 380 座，大口井 573 眼，机电井 7368 眼，蓄水量可达 $1.3422\times10^8m^3$，正常年份基本能满足农业生产灌溉需要。

（二）集中统一规划，排除渍涝

土壤渍涝区分布在诸由观镇西部、徐福街道办事处部分洼地等。浅位夹黏的农田，多雨年份汛期水不能及时下渗，地表积水，有潜在涝害面积 $3000hm^2$，对作物的影响较大，因此，进行统一规划，建立排涝体系。

第三节　耕地资源合理利用对策

一、制定和执行严格的耕地保护制度

随着人口增加，城镇化、工业化进程的加快，存在继续占用耕地的可能，所以，合理规划利用有限的土地资源，开源节流，保护耕地。

(1)以节约促集约，节约占用耕地。一是重大基础设施建设和基础产业要科学规划、合理布局，避免重复建设；二是要科学安排城镇建设和相关行业规划的用地规模及标准，优化用地结构，压缩占地规模。

(2)挖潜开源。鼓励通过整理、复垦和开荒补充耕地资源。

二、防治耕地污染，保护耕地生态环境

耕地生态环境退化是指由于人类过度施用化肥和不合理利用、耕作、管理而造成的耕地生态系统结构破坏、功能衰退、生产力下降、生产成本上升、效益下降等一系列恶化现象。一旦土壤环境遭到破坏，平衡失调，恢复起来就非常困难：投资大、费时。环境面源污染是导致耕地环境退化的重要原因，因此，必须采取有力的对策来遏制土壤环境污染的发展势头，从根本上解决污染问题。

(一)综合规划协调发展，促进耕地环境与自然环境和谐发展，走生态农业发展之路

龙口市经济发展较快，存在人多地少的矛盾和环境污染的问题。为发展生态农业、保护耕地，应建立农业生态保护区。首先要遏制工矿企业对环境的污染，其次要开发农村新型生态资源，减少为提高农业产量而大量施用化肥和农药造成的农业投入品面源污染。因此，必须大力提高人口素质，改革耕作制度，树立生态环保意识，发展生态农业。

(二)强化科技兴农意识，健全耕地保护机制

科技是现代农业健康发展的根本动力。只有依靠农业科技创新，才能在发展生产的同时，做到耕地资源合理利用、环境有效保护。根据生产实际，加大科技成果转化力度。

目前，要重点解决以下几个方面的问题：

一是切实提升农业从业人员科技素质。从业人员科技素质是决定现有耕地利用水平高低的因素之一。耕地的经营主体是广大农民，全面提升从业人员科技素质，增强农业竞争力是当务之急。

二是合理调整种植业结构，制定农产品优质优价的政策，推广优质、高产、高效农经作物品种配套栽培管理技术，鼓励农民在保护耕地的前提下生产优质农产品。

三是实施沃土工程，全面实施测土配方施肥，加大有机肥投入，提高土壤有机质含量。合理施用化肥，协调土壤大中微量元素养分和酸碱度，做到用地、养地相结合。

四是实施农药减量控制，实行化学、物理和生物防治相结合，降低农药用量，减少农药污染，强化耕地保护意识。

三、优化耕地资源配置，调整农业产业结构

以土地为载体促进农业健康发展，建立多产业联动机制是优化耕地资源配置的根本出路。

（一）积极发展畜牧业，努力实现农、林、牧综合发展，建立良性循环的优化农田生态系统

因地制宜，积极推广各种生态畜禽牧业发展模式。根据耕地资源状况、种养方式，坚持适度规模，积极探索建立农畜结合生态循环型发展模式，实现养殖排泄物全部无害化利用；着力培育畜禽肥水、沼液综合利用作肥料还田，实现耕地资源循环、生态平衡。

（二）促进农畜禽牧结合途径与关键技术发展

（1）加强示范推进。结合高效生态农业示范园区建设、沃土工程、测土配方、畜禽养殖场排泄物治理和农村能源建设工程等项目，扩大农牧结合、生态畜牧业发展的试点范围，采取项目带动、市场运作方式加快实践。

（2）优化政策导向。重点培育农畜禽牧结合型的新型农业经营主体，对专业服务公司、合作组织和种养企业（场户）加大扶持力度。

四、加强耕地质量管理

主要是建立健全耕地质量监测体系和耕地资源管理信息系统，对耕地质量进行动态管理，加强耕地地力建设。

保护耕地，数量是基础，质量是关键。在保护耕地数量的同时，要特别注意保护耕地质量。建立肥力监测点，定期进行监测，并根据养分动态变化及时调整肥力保护措施。

强化粮果菜基地农残监测，加大执法力度，把住源头，控制农药使用，实施全面监管。

大力提高农民对耕地的科技管理水平，通过培训班、电台广播、科技大集等形势宣传提高耕地质量的重要性；通过公司订单、农民合作社等，遏制农药、化肥的滥用现象；政府出台相应政策，奖罚并用，保证耕地质量。

五、实行配方施肥，建设无公害农产品基地

（一）测土配方施肥技术成果的研究和应用

通过测土配方施肥项目的实施，总结出土壤肥力调控的配套技术措施，除增加土壤有机质含量，合理的氮、磷、钾比例不仅能提高其利用率和作物产量，而且还可防止过剩肥料对环境造成污染。

（二）土壤有机质的提升

提高土壤有机质的途径和措施主要有以下几个方面：

1. 秸秆还田、生草栽培的推广与应用

目前，龙口市耕地提高土壤有机质的主要措施是作物秸秆还田。近年来，随着机械化程度的提高，秸秆还田的面积逐年扩大，小麦已全部实现秸秆还田，玉米秸秆还田面积达80%以上。部分果园采取生草栽培等措施，提高土壤有机质含量。

2. 广辟有机肥源

(1)以无机肥料增加有机肥源。

(2)使用农家肥，如腐熟堆沤人畜禽粪肥，利用沼气肥、农产品加工剩余的下脚料（如豆饼、香油渣、酒糟）等。

3. 改善有机物料还田程序

现行秸秆还田程序有五种形式：

(1)直接还田：绿肥和作物秸秆直接归还土壤，省工省事，应多在燃煤充裕、水源较好地区推行。

(2)堆沤还田：秸秆经过粉碎堆沤施入土壤，可以杀灭有病秸秆所携带的病菌，避免直接还田中的消极影响。

(3)过腹还田：以可食用绿肥和作物秸秆饲养食草牲畜、禽类，以畜禽粪便回田培肥土壤。

(4)根茬还田：利用部分低产土壤种植牧草，以地上部分喂养畜禽，粪便回田，以地下部分和残落茎叶培肥土壤。

(5)沼渣、沼液还田：以秸秆可食部分发展食草牲畜，以人畜粪尿和剩余不可食用秸秆发展沼气，沼渣、沼液还田培肥土壤。

以沼渣、沼液还田程序最为完善，过腹还田和根茬还田培肥作用和经济效益也较好，秸秆直接还田或堆沤还田适于燃煤充裕、饲草充足的平原灌溉农业区。

附录　数据统计

附表 1　　2008～2013 年龙口市耕地与果园耕层土壤 pH 及养分状况

项　目	合　计		粮　田			蔬　菜			果　园		
	样品数（个）	平均值	样品数（个）	平均值	变化范围	样品数（个）	平均值	变化范围	样品数（个）	平均值	变化范围
pH	6515	6	1592	6.7	4～8.2	333	6.8	5～8.2	4590	5	3.8～8.4
有机质(g/kg)	6515	14.3	1592	14.9	5～31.2	333	16.3	6.4～28.6	4590	14	3～37.1
全氮(g/kg)	682	1.06	188	1.11	0.43～1.82	62	1.21	0.77～2.04	432	1.01	0.28～2.79
碱解氮(mg/kg)	6515	107	1592	110	14～434	333	133	35～408	4590	104	7～422
有效磷(mg/kg)	6515	78.4	1592	52.5	2.9～341.9	333	111.2	5.1～338.8	4590	85	2.0～551.3
速效钾(mg/kg)	6515	171	1592	144	15～571	333	213	32～662	4590	177	17～1105
缓效钾(mg/kg)	661	923	183	844	446～1820	61	986	547～1158	417	949	103～4092
交换性钙(mg/kg)	873	474	229	520	93～1031	74	409	23～833	570	464	15～1050
交换性镁(mg/kg)	873	172	229	185	59～306	74	153	34～323	570	169	34～403
有效硫(mg/kg)	657	132.2	186	136	25.3～574.6	53	106.3	19.8～276.5	418	133.8	1.8～817.1
有效铁(mg/kg)	870	167.51	230	152.93	19.2～311.2	74	194.31	46.3～310.6	566	169.93	6.1～310.5
有效锰(mg/kg)	870	112.29	230	125.66	14.3～214.7	74	115.50	10.3～229.2	566	106.43	4～283.1
有效铜(mg/kg)	870	13.96	230	8.4	1.01～62.61	74	14.60	1.06～97.42	566	16.14	0.95～84.52
有效锌(mg/kg)	1157	14.26	286	12.1	0.15～87.44	83	14.77	0.09～48.2	788	14.99	0.03～92.46
有效硼(mg/kg)	955	0.64	246	0.62	0.25～1.51	71	0.72	0.1～1.66	638	0.64	0.09～3.15
有效钼(mg/kg)	660	0.18	190	0.22	0.01～1.72	53	0.15	0.03～0.41	417	0.16	0.01～0.7
有效硅(mg/kg)	661	190.51	189	247.95	17.5～577.32	53	257.65	48.05～539.3	419	156.11	6.55～759.6

注:pH 用众数表示。

附表 2　各行政区域果园土壤有机质及大量元素含量

行政区域	有机质(g/kg)		全氮(g/kg)		碱解氮(mg/kg)		有效磷(mg/kg)		速效钾(mg/kg)		缓效钾(mg/kg)	
	平均	变化范围	平均	变化范围	平均	变化范围	平均	变化范围	平均	变化范围	平均	变化范围
北马镇	15.1	5.1～29	1.07	0.50～1.88	121	42～366	89.2	7.7～240.6	230	47～700	1085	689～1861
东江街道办事处	16.2	5.4～33.6	1.33	0.86～2.26	109	21～295	95.6	8.2～345	203	31～551	954	744～1273
东莱街道办事处	14.2	5～30.7	1.01	0.55～1.35	95	28～223	72.6	3.6～392.7	164	31～565	776	568～1063
黄山馆镇	14.4	3～36.5	1.22	0.33～2.07	118	28～408	119.5	14.2～542.5	185	42～585	719	394～1024
兰高镇	13.8	4～33.6	0.97	0.39～2.79	103	21～422	88.4	4.9～295.8	180	26～691	982	564～2413
龙港街道办事处	14	3～28.9	0.96	0.28～1.57	89	18～356	78.6	4.7～220.8	152	17～436	747	103～1181
龙口开发区	16.5	4.6～29.4	1.2	0.44～1.71	96	7～345	71.6	3.7～283	157	36～752	760	113～1073
芦头镇	15.1	6～34	1.13	0.75～1.71	116	25～392	75.5	6.8～246.1	181	58～800	853	455～1276
七甲镇	13.7	3.8～28.5	0.93	0.47～1.54	97	23～334	66	2～326.4	143	20～853	1176	446～2870
石良镇	13.5	3～37.1	1.05	0.39～2.59	120	14～418	105.4	7.1～378.1	197	26～780	971	231～4092
下丁家镇	15.3	7～30.6	0.98	0.58～2.01	95	42～278	60.7	6.8～286.6	128	31～917	1002	748～1334
新嘉街道办事处	14.2	7～27.4	0.86	0.44～1.93	113	28～345	97	13.7～551.3	203	38～843	1249	697～1930
徐福街道办事处	12.2	3.8～28.3	0.78	0.41～1.35	102	21～378	79.2	3.1～262.1	181	28～716	744	410～1046
诸由观镇	13	4～32.9	0.99	0.48～2.04	88	18～408	76.5	2.5～311.4	180	31～1105	822	493～1522

附表 3　各行政区域果园土壤微量元素含量

行政区域	有效铁(mg/kg)		有效锰(mg/kg)		有效铜(mg/kg)		有效硼(mg/kg)		有效锌(mg/kg)		有效钼(mg/kg)	
	平均	变化范围	平均	变化范围	平均	变化范围	平均	变化范围	平均	变化范围	平均	变化范围
北马镇	190.65	58.4～310.5	132.49	42.7～193.4	10.44	2.55～30.46	0.9	0.31～2.26	22	4.6～72.89	0.12	0.03～0.34
东江街道办事处	170.56	42.4～275.8	85.73	24.5～135.1	23.58	2.03～72.22	0.79	0.35～1.87	147.99	0.48～40.94	0.11	0.03～0.19
东莱街道办事处	178.34	39.1～267.2	139.93	108.4～175.8	13.02	1.8～78.54	0.74	0.13～1.77	13.09	0.97～47.5	0.09	0.01～0.26
黄山馆镇	203.62	27.5～280.3	120.63	42.4～210.8	28.69	5.66～81.72	0.66	0.31～1.03	19.61	0.52～60.94	0.27	0.05～0.7
兰高镇	173.21	14.4～291.2	97.7	4～274.2	16.65	0.96～77.29	0.66	0.29～1.35	16.26	0.03～92.46	0.16	0.02～0.64
龙港街道办事处	62.25	6.1～217.8	108.1	13.6～185.9	11.63	2.02～28.98	0.84	0.52～1.59	15.22	1.4～78.6	0.2	0.02～0.52
龙口开发区	166.83	22.7～261.7	104.98	23.8～144	6.12	2.09～29.28	0.7	0.11～1.02	12.23	0.67～57.86	0.13	0.01～0.34
芦头镇	146.46	46.8～287.2	119.3	9.9～218.7	9.01	1.05～35.4	0.61	0.17～1.03	12.61	0.62～57.69	0.17	0.08～0.42
七甲镇	180.05	8.8～299.9	106.52	16.4～283.1	20.13	1.28～84.52	0.65	0.14～3.15	13.99	0.14～86.59	0.16	0.01～0.41
石良镇	211.4	13.2～292.5	106.74	7.7～202.5	16.87	0.95～83.43	0.44	0.09～0.94	15.27	0.17～85.36	0.18	0.01～0.51
下丁家镇	141.8	16.7～249.5	85.43	12.7～180.1	17.76	1.92～59.51	0.57	0.29～1	10.57	0.59～39.28	0.16	0.05～0.37
新嘉街道办事处	108.23	34.7～246.3	86.82	39.2～141	11.37	1.05～48.76	0.77	0.36～1.21	11.13	0.13～57.83	0.13	0.07～0.23
徐福街道办事处	129.74	12.6～309.8	108.67	31.3～254.6	9.62	2.42～27.85	0.7	0.42～1.3	16.65	3.94～69.52	0.11	0.02～0.41
诸由观镇	156.18	9.8～294.5	118.41	12.9～266.9	14.62	1.4～46.23	0.71	0.33～1.26	14	0.65～51.2	0.19	0.03～0.53

附表 4　各行政区域果园土壤 pH 及养分状况

行政区域	pH		交换性钙(mg/kg)		交换性镁(mg/kg)		有效硫(mg/kg)		有效硅(mg/kg)	
	众数	变化范围	平均	变化范围	平均	变化范围	平均	变化范围	平均	变化范围
北马镇	6.6	4.6～7.9	488	78～736	195	70～328	139.6	26.1～351.8	219.13	64.3～759.6
东江街道办事处	6.6	3.8～8	423	87～1016	158	60～278	75.3	19.8～134.5	164.45	76.07～238.85
东莱街道办事处	6.7	3.8～8.1	385	139～691	174	104～239	81	38.6～158.2	265.66	132.62～446.2
黄山馆镇	5.1	4～7.4	379	31～840	139	52～242	198.5	19.9～543.2	114.27	22.21～287.4
兰高镇	6.2	4 ～8.2	389	30～844	159	34～324	142.3	18.8～678.6	135.85	33.63～334.5
龙港街道办事处	6.3	4.7～7.7	571	120～1048	156	50～250	180.6	86.7～388.8	136.36	14.91～329.98
龙口开发区	7.1	4.2～8.4	438	262～762	180	127～231	130.9	38.6～337.4	198.91	18.26～436
芦头镇	6.7	4.1～7.8	614	216～897	199	92～264	151.7	37.9～396	196.03	73.43～363.78
七甲镇	5	4～8.1	389	33～767	174	44～403	98.4	18.7～271.3	166.97	38.23～525.4
石良镇	5	3.8～8	429	15～803	163	34～308	95.5	1.8～244.1	103.46	23.38～371.42
下丁家镇	6.5	4.1～8.3	475	93～1050	161	59～260	112.7	8.2～238.3	177.37	6.55～435.7
新嘉街道办事处	5	3.8～7.6	516	244～824	144	65～243	135.4	69.3～207.9	172.07	54.64～330.9
徐福街道办事处	6.4	4.5～8.2	579	151～967	185	67～301	179.7	67.7～438.6	157.08	55.12～413.5
诸由观镇	5	4.3～8.3	612	29～1034	192	79～308	170.6	15.8～817.1	177.99	19.2～437.7

附表 5 各行政区域粮田土壤有机质及大量元素含量

行政区域	有机质(g/kg)		全氮(g/kg)		碱解氮(mg/kg)		有效磷(mg/kg)		速效钾(mg/kg)		缓效钾(mg/kg)	
	平均	变化范围	平均	变化范围	平均	变化范围	平均	变化范围	平均	变化范围	平均	变化范围
北马镇	14.7	6～29.8	1.1	0.43～1.52	117	28～312	56.4	8.1～212.8	163	15～470	916	563～1820
东江街道办事处	16.3	7.4～29.3	1.1	0.72～1.46	102	40～197	53.4	6.9～193.5	130	34～412	740	602～1055
东莱街道办事处	14.6	7.6～30.4	1.08	0.77～1.46	104	60～239	43.6	8.2～194.1	125	65～334	748	619～991
黄山馆镇	14.9	8.2～27	1.12	0.75～1.43	111	42～256	31.7	6.5～163.9	98	51～207	702	498～889
兰高镇	13.3	6.5～26.1	0.86	0.69～1.05	95	21～290	48.3	2.9～205.5	124	18～442	859	703～1119
龙港街道办事处	17.6	10.4～30.5	1.26	0.86～1.57	125	53～434	57.3	4.3～261.9	149	60～466	991	658～1471
龙口开发区	18.4	9.4～31.2	1.27	0.58～1.82	121	49～394	65.6	5.7～341.9	175	80～562	836	628～1112
芦头镇	14.2	5～26.4	1.11	0.48～1.35	131	14～267	59.2	5.4～184.1	156	75～566	894	636～1163
七甲镇	10.5	5～17	0.81	0.6～1.02	95	56～151	33.3	10.9～85.3	97	36～238	1019	975～1063
石良镇	9.9	5～17	0.74	0.44～1.03	89	42～200	28.6	5～145.6	109	37～371	904	561～1202
下丁家镇	15.7	11～24	0.57	0.52～0.62	108	70～144	39.1	12.7～70.2	111	51～200	1002	889～1115
新嘉街道办事处	15.6	8～30.4	1.17	0.75～1.74	117	42～234	64.9	17.8～183.9	143	48～451	966	543～1680
徐福街道办事处	13.2	5.6～22	1.15	0.86～1.54	107	15～267	60.4	5.8～236.7	148	36～552	688	547～832
诸由观镇	14	5～25.7	1.12	0.65～1.43	96	22～278	44	6～211.7	138	40～571	808	446～1096

附表 6 各行政区域粮田土壤微量元素含量

行政区域	有效铁(mg/kg)		有效锰(mg/kg)		有效铜(mg/kg)		有效硼(mg/kg)		有效锌(mg/kg)		有效钼(mg/kg)	
	平均	变化范围	平均	变化范围	平均	变化范围	平均	变化范围	平均	变化范围	平均	变化范围
北马镇	184.28	39.4～311.2	141.15	67.9～197.5	5.46	1.88～22.42	0.69	0.3～1.51	13.62	0.38～87.44	0.2	0.04～0.47
东江街道办事处	179.46	61～273.9	115.9	54.3～146.3	21.52	1.92～50.34	0.54	0.36～0.63	19.69	1.76～40.1	0.12	0.06～0.2
东莱街道办事处	215.39	134.9～282.4	161.5	134.1～183.4	8.73	1.85～57.88	0.78	0.33～1.18	22.99	3.18～59.17	0.04	0.01～0.11
黄山馆镇	208.86	98～265.5	101.17	31.3～162.6	24.12	2.67～62.61	0.55	0.33～0.94	6.77	0.22～27.27	0.18	0.07～0.44
兰高镇	161.9	70.9～265.3	110.78	30.3～195.3	13.67	3.04～46.45	0.56	0.34～0.75	11.68	0.28～50.12	0.27	0.11～0.51
龙港街道办事处	125.29	33.8～170.2	152.88	82.4～193.6	4.55	1.22～16.02	0.8	0.46～1.38	5.9	0.99～22	0.29	0.07～0.49
龙口开发区	165.62	19.2～257.8	129.94	82.1～174.1	8.31	1.32～47.69	0.58	0.36～1.3	17	0.15～83.11	0.16	0.03～0.7
芦头镇	114.92	37.7～256.1	91.15	14.3～196.7	2.3	1.06～4.25	0.53	0.36～0.82	8.72	0.37～38.75	0.22	0.07～0.79
七甲镇	164.73	83.8～261	93.25	86～110.8	24.67	4.39～61.68	0.32	0.29～0.34	17.97	3.29～44.86	0.1	0.08～0.11
石良镇	103.14	27.1～180.4	85.21	59.4～113.8	10.78	1.85～32.45	0.37	0.28～0.52	3.55	0.72～5.89	0.15	0.08～0.26
下丁家镇	62.8	39.3～86.3	84.5	76.2～92.8	5.32	2.79～7.84	0.3	0.29～0.31	4.16	0.97～9.05	0.08	0.05～0.11
新嘉街道办事处	117	70～214.1	127.02	21.5～214.7	6.34	1.01～21.88	0.6	0.27～1.13	9.78	1.86～37.77	0.28	0.1～0.6
徐福街道办事处	197.11	36.4～297.6	118.61	52.5～165.4	5.87	1.88～21.76	0.79	0.25～1.5	18.93	1.30～84.91	0.15	0.03～0.42
诸由观镇	98.67	28.2～265	129.93	47～204.7	5.92	1.57～36.79	0.61	0.278～1.16	8.24	0.18～43.13	0.36	0.07～1.72

附表 7　各行政区域粮田土壤 pH 及养分状况

行政区域	pH		交换性钙(mg/kg)		交换性镁(mg/kg)		有效硫(mg/kg)		有效硅(mg/kg)	
	众数	变化范围	平均	变化范围	平均	变化范围	平均	变化范围	平均	变化范围
北马镇	5.3	4～7.7	518	93～920	195	68～304	112.8	29.2～335.4	237.1	61～512.4
东江街道办事处	6.8	4.7～8.2	402	135～758	162	59～233	71.9	25.3～142.1	162	76.8～219.3
东莱街道办事处	6.9	5.8～7.5	305	278～324	224	186～276	84.7	47～186.3	393.6	279.4～505.4
黄山馆镇	5.7	4.7～7	320	143～719	152	77～240	99	28～252.6	243	83.2～424.5
兰高镇	6.3	4.4～7.8	389	184～694	168	75～265	163.9	79.7～257.9	178.1	89.6～374.4
龙港街道办事处	6.7	5.2～7.9	617	395～830	192	67～243	179.9	94.7～250.1	265.7	100.1～360.8
龙口开发区	7.5	5～7.9	454	113～1031	188	86～270	109.9	38.8～231.3	280.1	49.8～501
芦头镇	6	5～7.6	561	233～786	179	91～236	124.9	31.2～379.7	263	74.7～505.7
七甲镇	5.8	5～7.2	448	244～645	194	138～261	92.2	79.1～105.3	97.5	90.4～104.6
石良镇	6.1	4.9～7.2	606	463～808	235	213～306	179.9	71.8～493	79.6	17.5～213.3
下丁家镇	6.5	5.9～6.8	705	673～737	231	202～260	141.6	110.8～172.3	146.1	112.3～180
新嘉街道办事处	6.7	5.2～7.5	605	390～766	160	68～204	134.1	91.3～180.5	221.6	74.7～269.3
徐福街道办事处	6.8	4.5～8.1	424	106～834	150	67～230	149.4	40.8～263.6	216	86.2～336.9
诸由观镇	6.4	5.2～8.1	714	321～1006	200	110～252	188.9	49～574.6	284.7	92～577.3

附表 8　　各行政区域蔬菜地土壤有机质及大量元素含量

行政区域	有机质(g/kg)		全氮(g/kg)		碱解氮(mg/kg)		有效磷(mg/kg)		速效钾(mg/kg)		缓效钾(mg/kg)	
	平均	变化范围	平均	变化范围	平均	变化范围	平均	变化范围	平均	变化范围	平均	变化范围
北马镇	15.7	6.9～25.3	1.16	0.77～1.9	144	57～351	118.8	13.3～280.4	215	32～534	960	665～1251
东江街道办事处	17.1	9.3～28.6	1.04	0.88～1.24	120	57～241	109.1	19～298.9	282	41～597	871	842～911
东莱街道办事处	15.6	7.8～25	1.2	1.08～1.32	130	35～234	99.2	24.7～188	137	64～323	1011	865～1156
兰高镇	16.8	10.9～23.2	1.35	0.94～1.76	156	66～239	130.5	36.9～193.2	177	56～331	1131	803～1458
龙港街道办事处	18.7	12.5～26.3	1.29	0.88～1.71	125	67～211	96.1	42.9～159.7	197	89～595	1212	785～1883
龙口开发区	17.8	9.0～28.1	0.8	0.77～0.83	120	42～408	101.3	44.6～181.7	265	130～662	906	812～999
芦头镇	15.9	8.4～21.7	1.17	0.88～1.35	135	35～225	123.5	28.3～186.9	210	104～335	1004	845～1158
七甲镇	13.3	6.4～25.2	0.97	0.97	111	42～223	79.6	10.4～177.6	179	91～386	1224	1224
石良镇	12.3	10 ～17	0.98	0.98	108	70～147	79.3	5.1～165.4	246	69～566	824	824
新嘉街道办事处	15.5	10.9～25.7	1.44	1.02～1.79	104	46～232	129	41～338.8	173	82～312	1081	738～1252
徐福街道办事处	17	10.5～25.6	1.5	1.13～2.04	130	48～228	110.6	42.3～187.2	214	80～608	668	547～729
诸由观镇	15	10.4～20.5	1.32	0.99～1.74	170	103～267	138	48.4～197.4	231	110～431	953	820～1083

附表 9

各行政区域蔬菜地土壤微量元素含量

行政区域	有效铁(mg/kg)		有效锰(mg/kg)		有效铜(mg/kg)		有效硼(mg/kg)		有效锌(mg/kg)		有效钼(mg/kg)	
	平均	变化范围	平均	变化范围	平均	变化范围	平均	变化范围	平均	变化范围	平均	变化范围
北马镇	272.2	199.3～310.6	137.8	47.9～196.3	7.71	1.31～30.25	0.83	0.37～1.66	13.52	2.21～39.09	0.17	0.05～0.27
东江街道办事处	164.9	46.3～247.2	126.9	78.4～206.4	18.75	2.73～34.31	0.66	0.41～0.91	10.73	0.72～23.33	0.14	0.11～0.16
东莱街道办事处	157	95～200.3	134.6	91～204.4	26.05	5.11～63.73	0.94	0.74～1.09	21.99	6.36～46.02	0.05	0.04～0.06
兰高镇	219.9	163.1～268.9	94.9	54.2～154.4	22.89	7.14～45.52	0.48	0.38～0.58	19.34	5.09～48.2	0.21	0.17～0.24
龙港街道办事处	101.1	60.4～141.6	127	78.7～149.5	5.12	2.45～11.37	0.89	0.52～1.48	21.08	10.29～43.68	0.12	0.03～0.19
龙口开发区	173.4	126～207.2	103.2	88～115.9	32.62	12.94～61.21	0.44	0.3～0.58	16	7.3～21.98	0.12	0.12
芦头镇	92.2	57.9～213.1	51.3	10.3～229.2	10.59	1.06～49.53	0.35	0.17～0.87	7.8	1.9～12.64	0.16	0.14～0.18
七甲镇	209	181.6～236.3	87.3	68.5～106	59.83	22.23～97.42	0.39	0.39	18	16.7～19.3	0.04	0.04
石良镇	82	82	128.3	128.3	2.68	2.68	0.32	0.3～0.33	1.89	1.17～2.6	0.09	0.09
新嘉街道办事处	185.1	132.9～225.2	135.7	96.8～167.7	34.33	14.05～50.78	0.88	0.66～1.14	20.67	4.88～45.18	0.05	0.05
徐福街道办事处	223.1	107.9～281.6	93.5	41.5～162	5.99	2.57～10.84	0.76	0.53～1.03	13.89	2.85～34.43	0.18	0.04～0.41
诸由观镇	209.4	201.7～217.4	137.9	102.3～156.7	23.79	20.38～25.98	0.55	0.1～0.9	14.6	5.56～32.11	0.13	0.09～0.18

附表 10　各行政区域蔬菜地土壤 pH 及养分状况

行政区域	pH		交换性钙(mg/kg)		交换性镁(mg/kg)		有效硫(mg/kg)		有效硅(mg/kg)	
	众数	变化范围	平均	变化范围	平均	变化范围	平均	变化范围	平均	变化范围
北马镇	6.4	5～7	252	23～615	138	34～308	124.2	31.6～262.9	350	97.7～539.3
东江街道办事处	6.1	5.2～7.6	418	244～833	192	120～323	38.3	29.1～47.4	131.2	110.3～152.1
东莱街道办事处	6.4	5.5～8.2	428	324～655	196	160～259	121.5	73.2～169.8	296.9	274.2～319.5
兰高镇	6.8	5.4～6.8	444	343～545	163	121～197	75.2	56.9～93.4	275.1	222.4～327.8
龙港街道办事处	7	5.6～7.7	618	531～749	169	141～188	99.4	19.8～139.7	181.4	57.9～306
龙口开发区	6	5.4～7.3	390	250～635	120	86～158	46.5	46.5	261.7	261.7
芦头镇	6.8	5～7	479	216～830	133	91～183	75.2	33.3～112.9	171.9	140.5～217.8
七甲镇	5.9	5～7.7	323	316～330	104	100～108	22.7	22.7	82.9	82.9
石良镇	6.1	5.2～7.0	592	592	256	256	125.9	125.9	78.6	78.6
新嘉街道办事处	7	5.3～7.2	557	357～753	150	113～169	154.5	154.5	333.2	333.2
徐福街道办事处	6.1	5.1～7.1	454	61～714	149	40～219	128	57.4～276.5	184	70.4～321.9
诸由观镇	5.7	5～6.9	650	623～693	212	195～244	92.1	86.9～102.3	79	48.1～99.7

附　图

龙口市土壤图

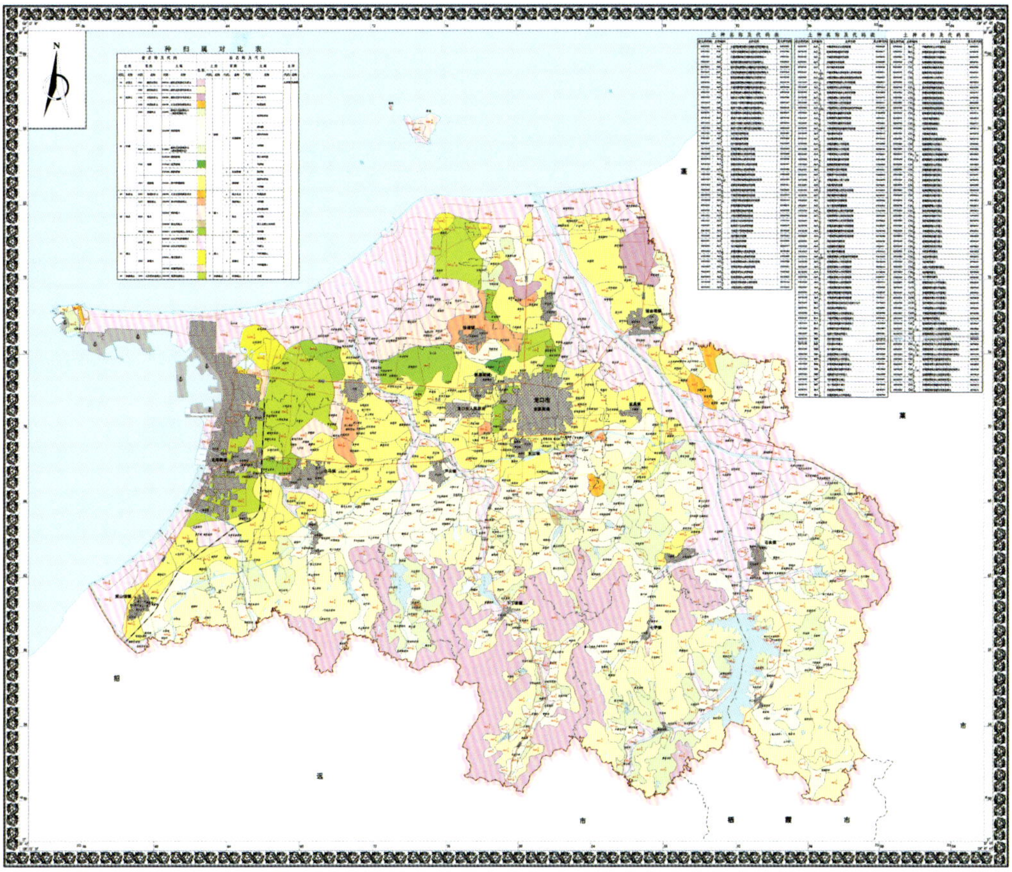

1954年北京坐标系　1956年黄海高程系　　比例尺1:425000　　山东天地亚太国土遥感有限公司　山东农业大学资源与环境学院　二〇一一年十月

龙口市地貌图

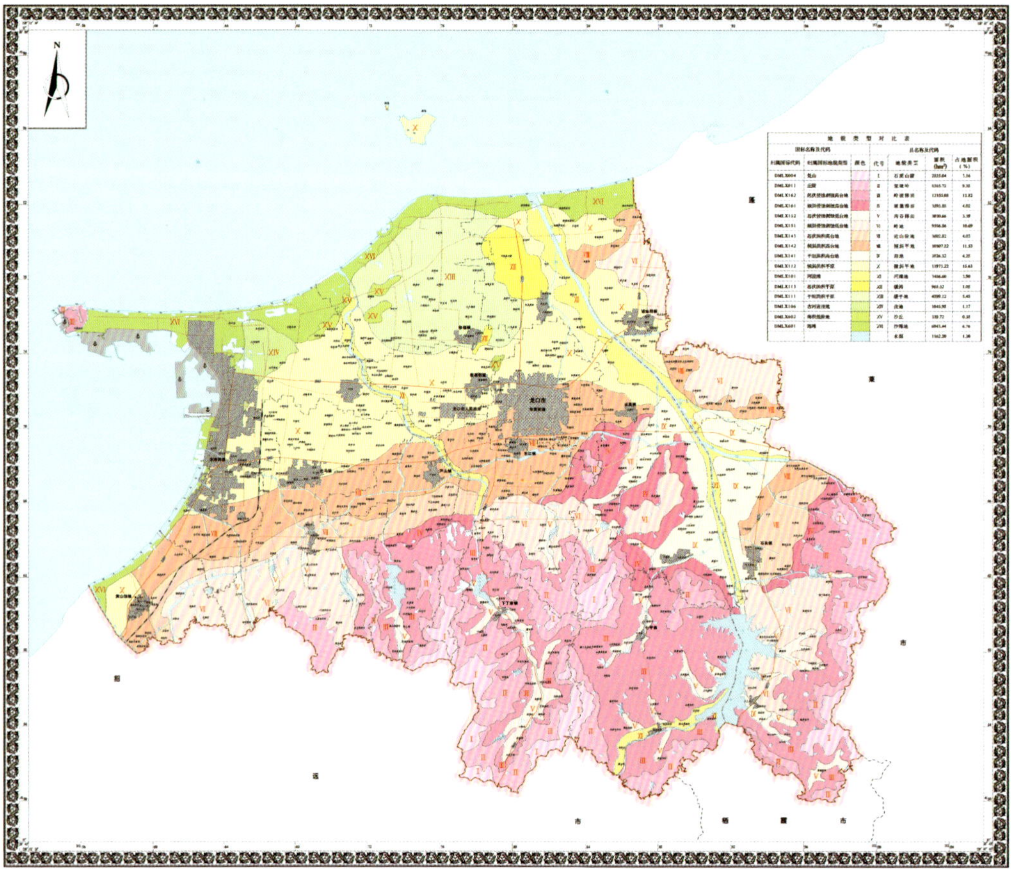

1954年北京坐标系 1956年黄海高程系　　比例尺1:425000　　山东天地亚太国土遥感有限公司 山东农业大学资源与环境学院 二〇一一年十月

龙口市坡度图

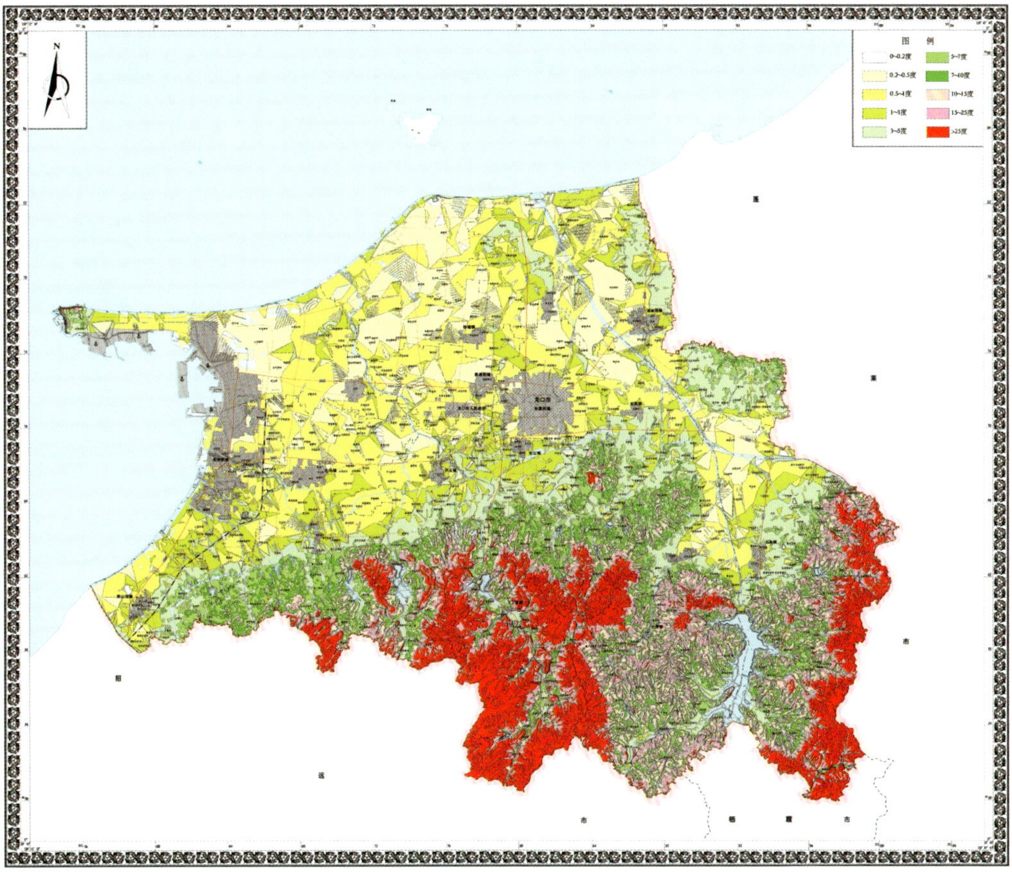

1954年北京坐标系 1956年黄海高程系

比例尺1:425000

山东天地亚太国土遥感有限公司
山东农业大学资源与环境学院 二〇一一年十月

龙口市土地利用现状图

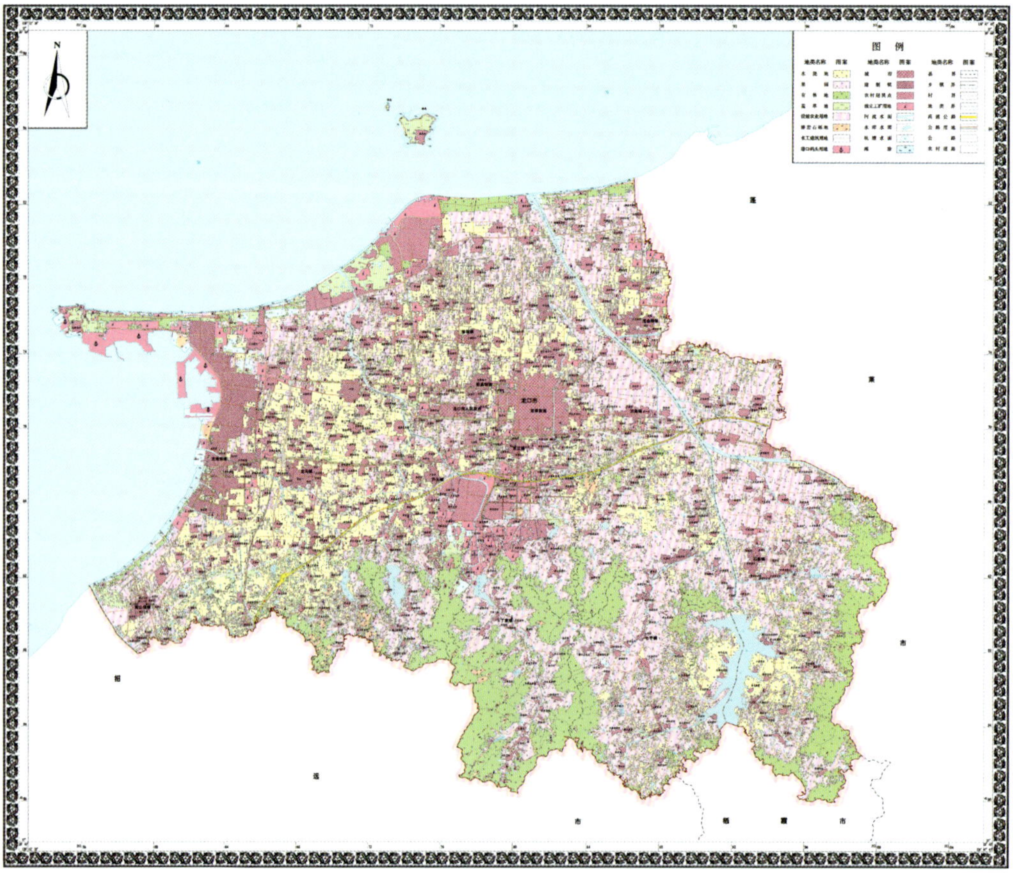

1954年北京坐标系 1956年黄海高程系

比例尺1:425000

山东天地亚太国土遥感有限公司
山东农业大学资源与环境学院
二〇一一年十月

龙口市灌溉分区图

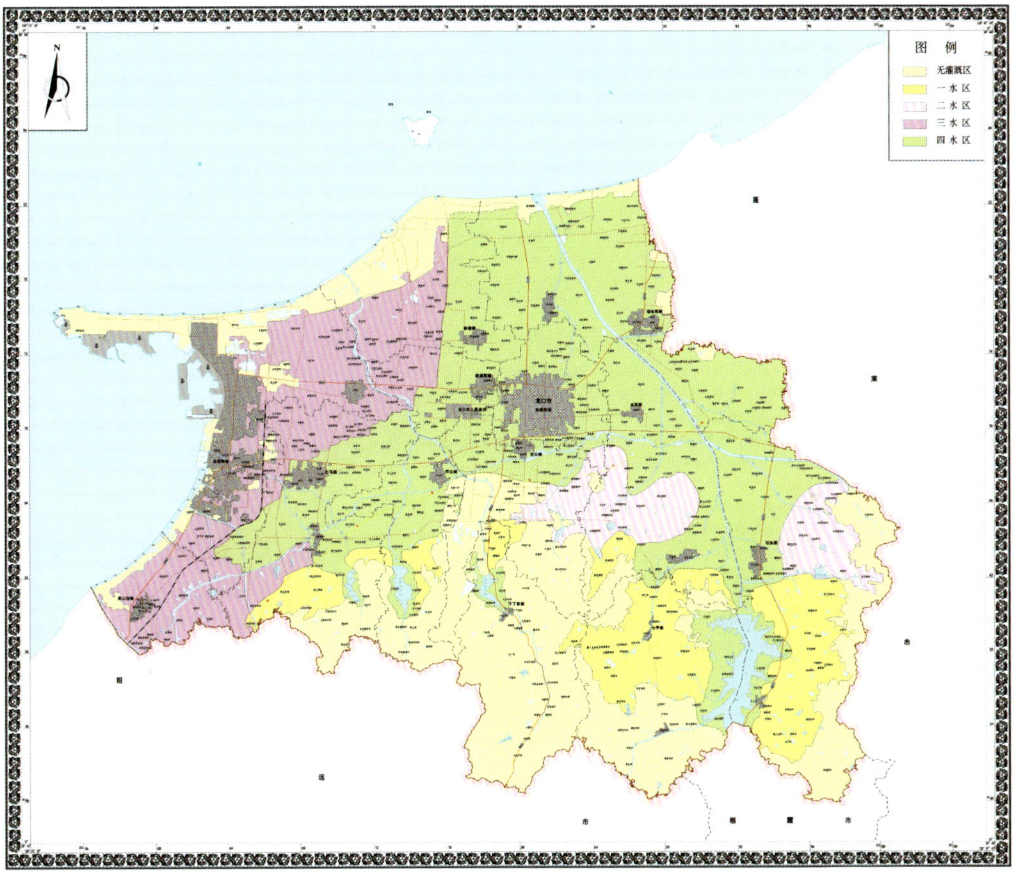

1954年北京坐标系 1956年黄海高程系　　比例尺1:425000　　山东天地亚太国土遥感有限公司 山东农业大学资源与环境学院 二〇一一年十月

龙口市耕地地力评价等级图（含果园）

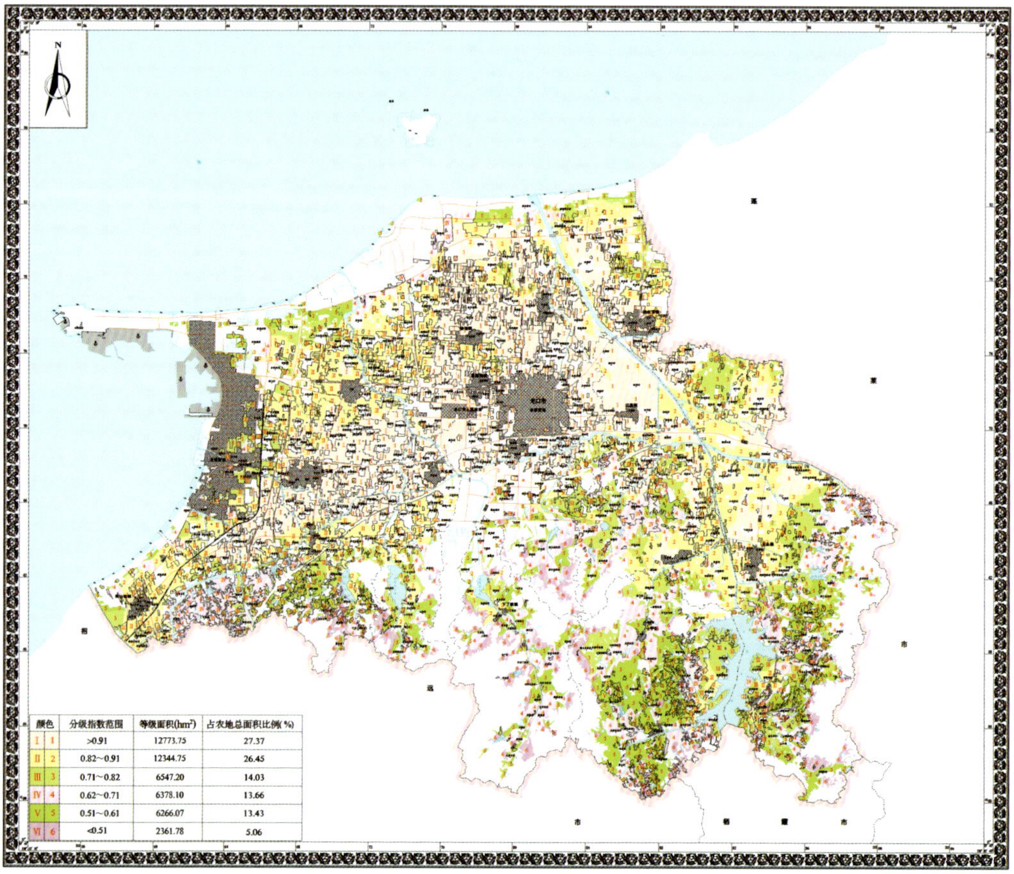

颜色		分级指数范围	等级面积(hm^2)	占农地总面积比例(%)
Ⅰ	1	>0.91	12773.75	27.37
Ⅱ	2	0.82～0.91	12344.75	26.45
Ⅲ	3	0.71～0.82	6547.20	14.03
Ⅳ	4	0.62～0.71	6378.10	13.66
Ⅴ	5	0.51～0.61	6266.07	13.43
Ⅵ	6	<0.51	2361.78	5.06

1954年北京坐标系 1956年黄海高程系 比例尺1:425000

山东天地亚太国土遥感有限公司 二〇一一年十月
山东农业大学资源与环境学院

龙口市土壤有机质含量分布图

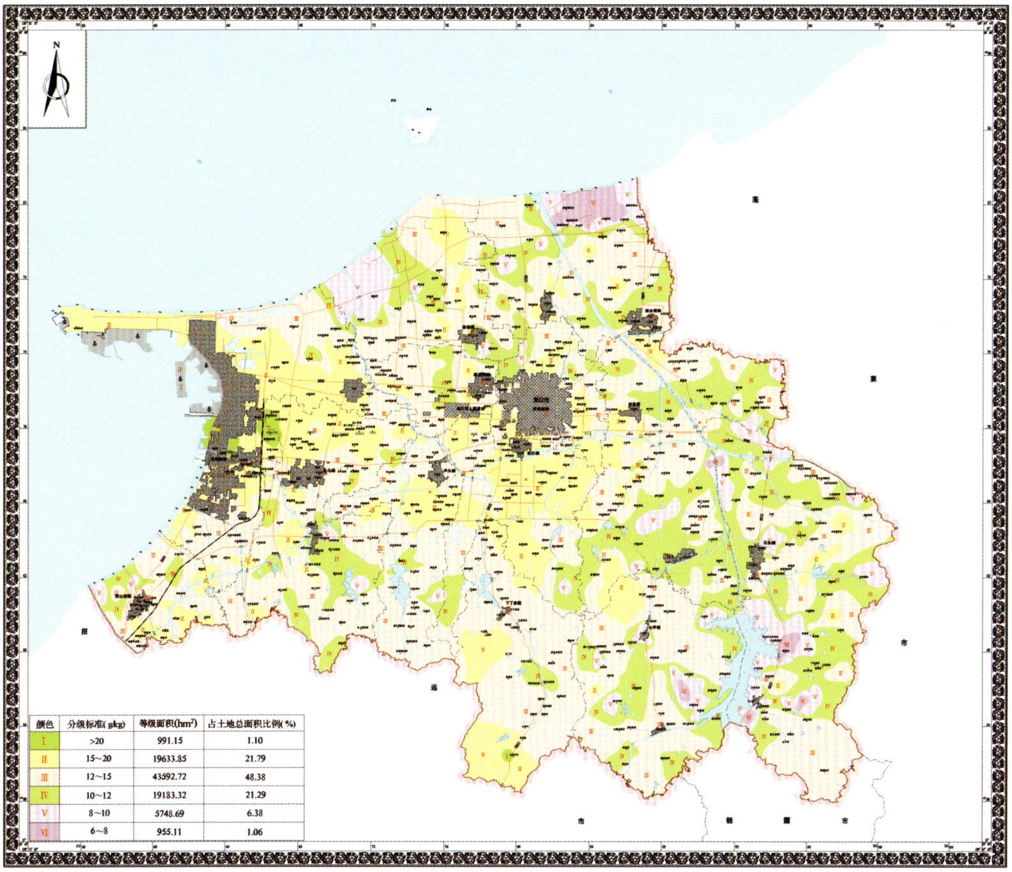

颜色	分级标准(g/kg)	等级面积(hm^2)	占土地总面积比例(%)
Ⅰ	>20	991.15	1.10
Ⅱ	15~20	19633.85	21.79
Ⅲ	12~15	43592.72	48.38
Ⅳ	10~12	19183.32	21.29
Ⅴ	8~10	5748.69	6.38
Ⅵ	6~8	955.11	1.06

1954年北京坐标系 1956年黄海高程系

比例尺1:425000

山东天地亚太国土遥感有限公司
山东农业大学资源与环境学院 二〇一一年十月

龙口市土壤pH分布图

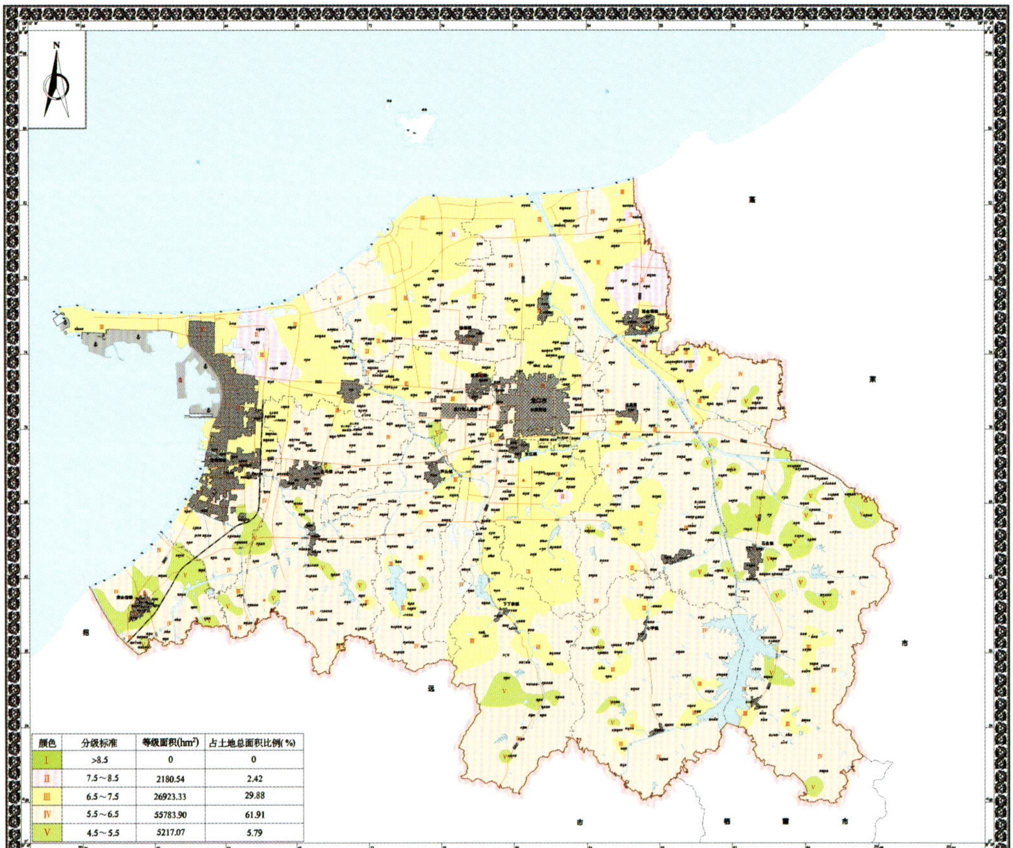

颜色	分级标准	等级面积(hm²)	占土地总面积比例(%)
I	>8.5	0	0
II	7.5～8.5	2180.54	2.42
III	6.5～7.5	26923.33	29.88
IV	5.5～6.5	55783.90	61.91
V	4.5～5.5	5217.07	5.79

1954年北京坐标系 1956年黄海高程系　　比例尺1:425000　　山东天地亚太国土遥感有限公司 山东农业大学资源与环境学院　二〇一一年十月

龙口市土壤全氮含量分布图

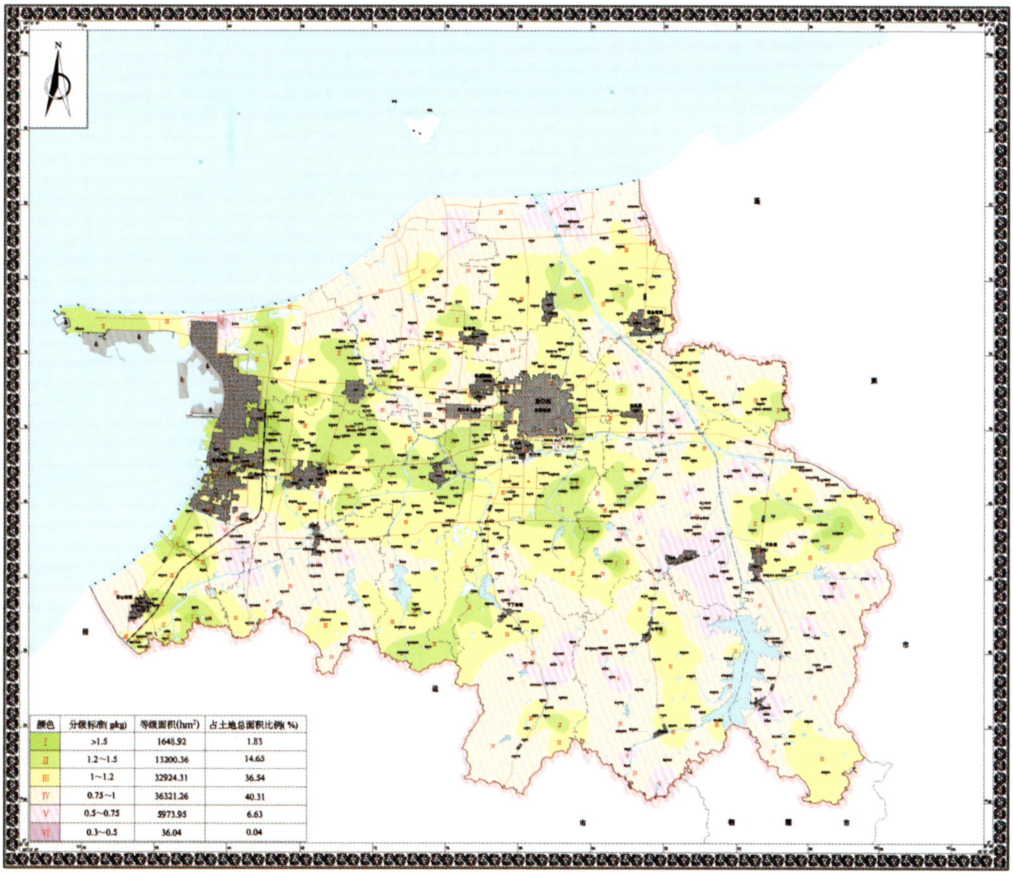

颜色	分级标准(g/kg)	等级面积(hm^2)	占土地总面积比例(%)
Ⅰ	>1.5	1648.92	1.83
Ⅱ	1.2～1.5	13200.36	14.65
Ⅲ	1～1.2	32924.31	36.54
Ⅳ	0.75～1	36321.26	40.31
Ⅴ	0.5～0.75	5973.95	6.63
Ⅵ	0.3～0.5	36.04	0.04

1954年北京坐标系 1956年黄海高程系　　比例尺1:425000　　山东天地亚太国土遥感有限公司 山东农业大学资源与环境学院 二〇一一年十月

龙口市土壤碱解氮含量分布图

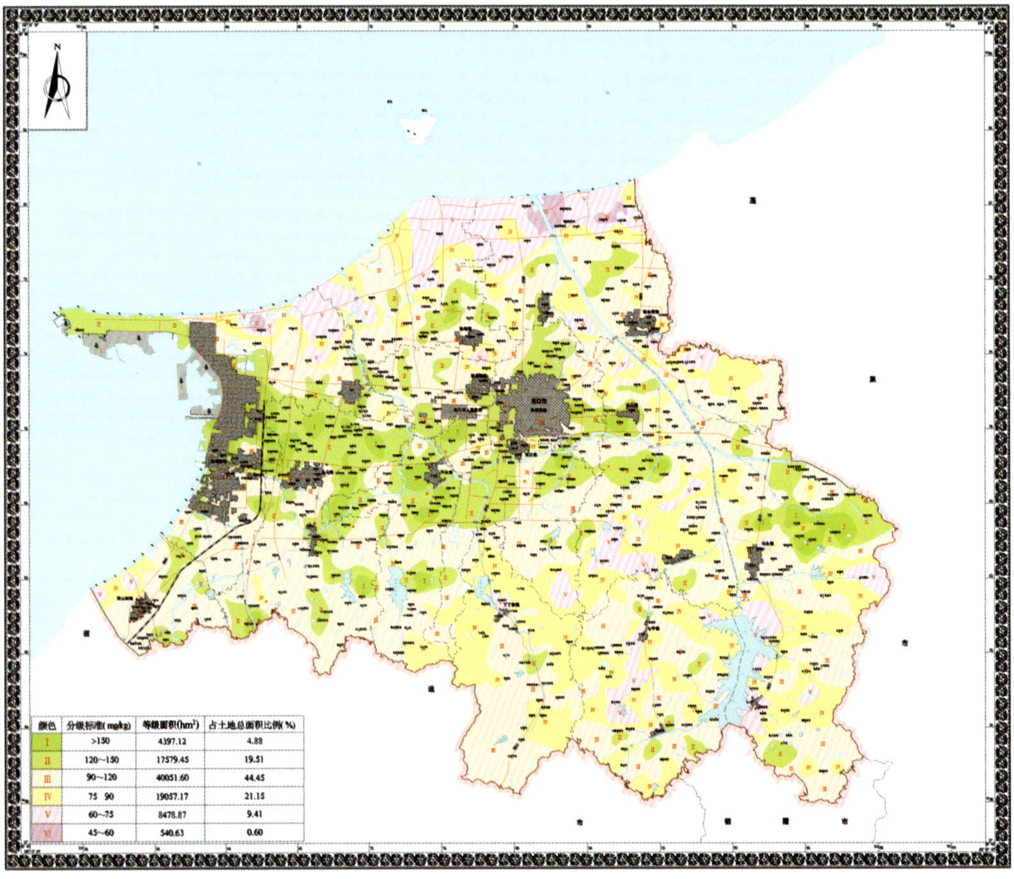

颜色	分级标准(mg/kg)	等级面积(hm^2)	占土地总面积比例(%)
Ⅰ	>150	4397.12	4.88
Ⅱ	120~150	17579.45	19.51
Ⅲ	90~120	40051.60	44.45
Ⅳ	75　90	19057.17	21.15
Ⅴ	60~75	8478.87	9.41
Ⅵ	45~60	540.63	0.60

1954年北京坐标系 1956年黄海高程系　　比例尺1:425000　　山东天地亚太国土遥感有限公司 山东农业大学资源与环境学院　二〇一一年十月

龙口市土壤有效磷含量分布图

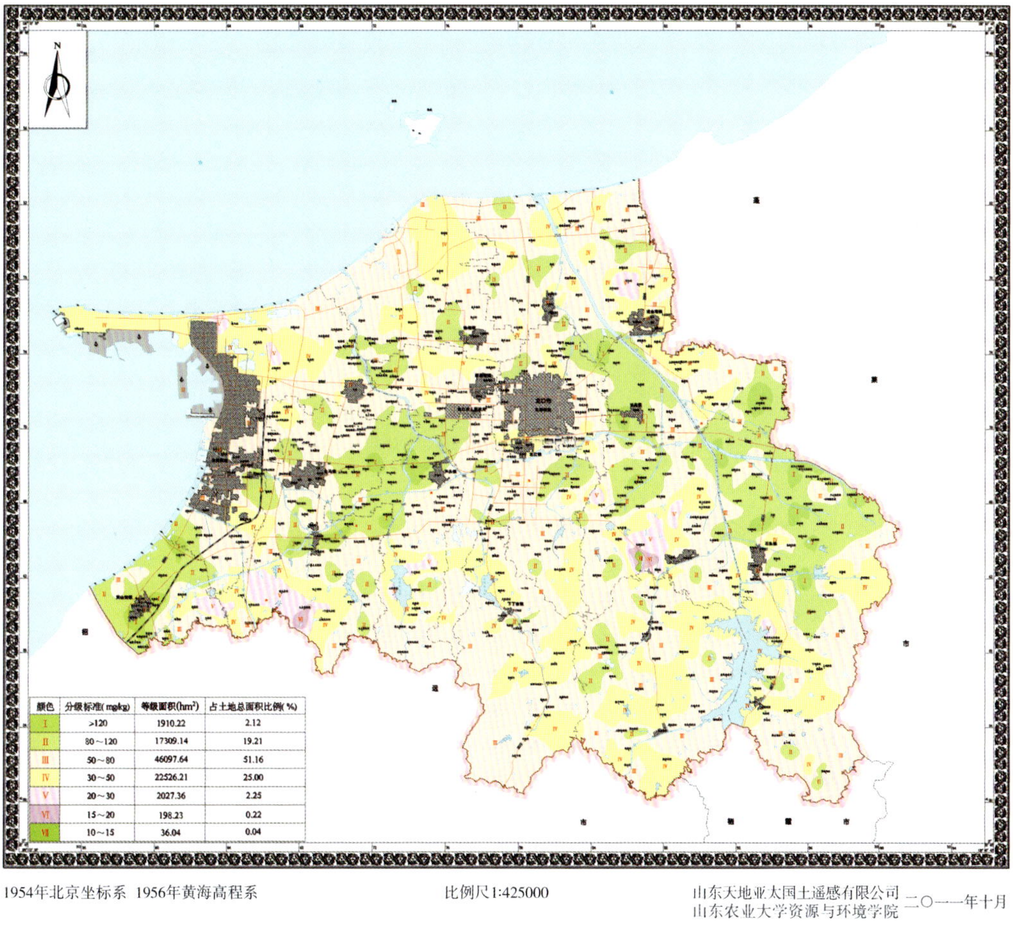

颜色	分级标准(mg/kg)	等级面积(hm^2)	占土地总面积比例(%)
Ⅰ	>120	1910.22	2.12
Ⅱ	80～120	17309.14	19.21
Ⅲ	50～80	46097.64	51.16
Ⅳ	30～50	22526.21	25.00
Ⅴ	20～30	2027.36	2.25
Ⅵ	15～20	198.23	0.22
Ⅶ	10～15	36.04	0.04

1954年北京坐标系　1956年黄海高程系　　比例尺1:425000　　山东天地亚太国土遥感有限公司　山东农业大学资源与环境学院　二〇一一年十月

龙口市土壤速效钾含量分布图

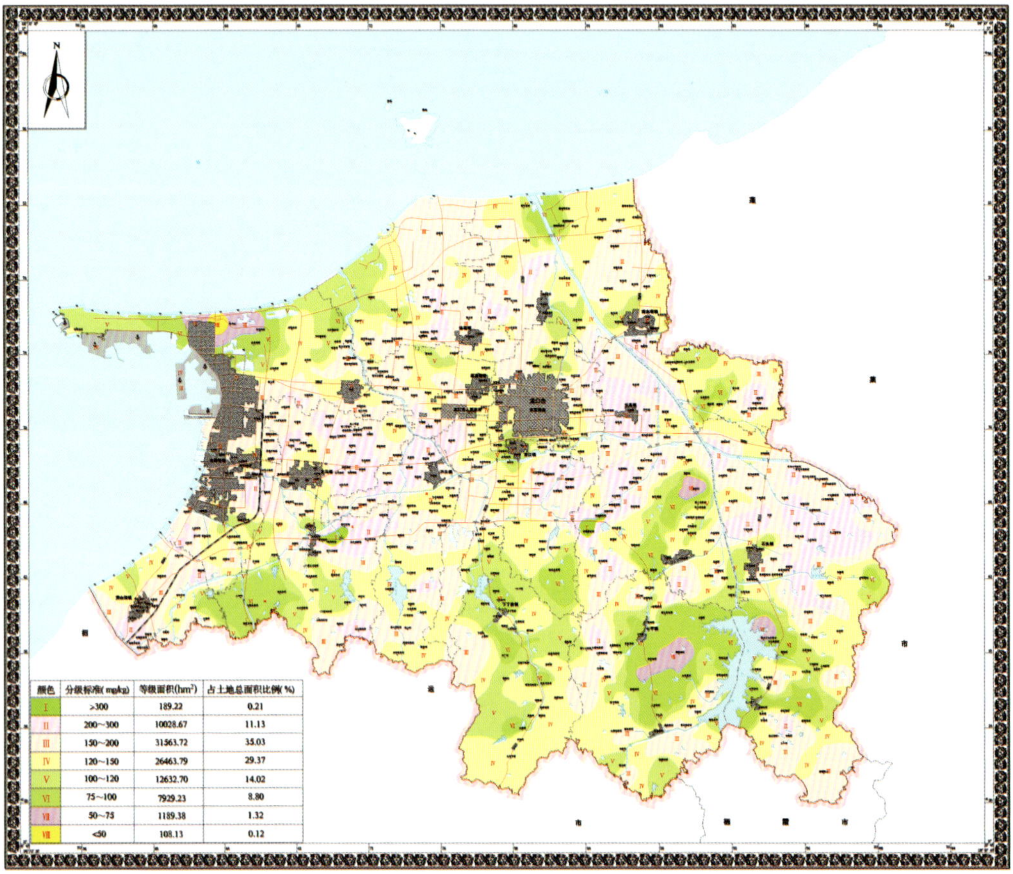

颜色	分级标准(mg/kg)	等级面积(hm²)	占土地总面积比例(%)
Ⅰ	>300	189.22	0.21
Ⅱ	200～300	10028.67	11.13
Ⅲ	150～200	31563.72	35.03
Ⅳ	120～150	26463.79	29.37
Ⅴ	100～120	12632.70	14.02
Ⅵ	75～100	7929.23	8.80
Ⅶ	50～75	1189.38	1.32
Ⅷ	<50	108.13	0.12

1954年北京坐标系 1956年黄海高程系

比例尺1:425000

山东天地亚太国土遥感有限公司
山东农业大学资源与环境学院
二〇一一年十月

龙口市土壤缓效钾含量分布图

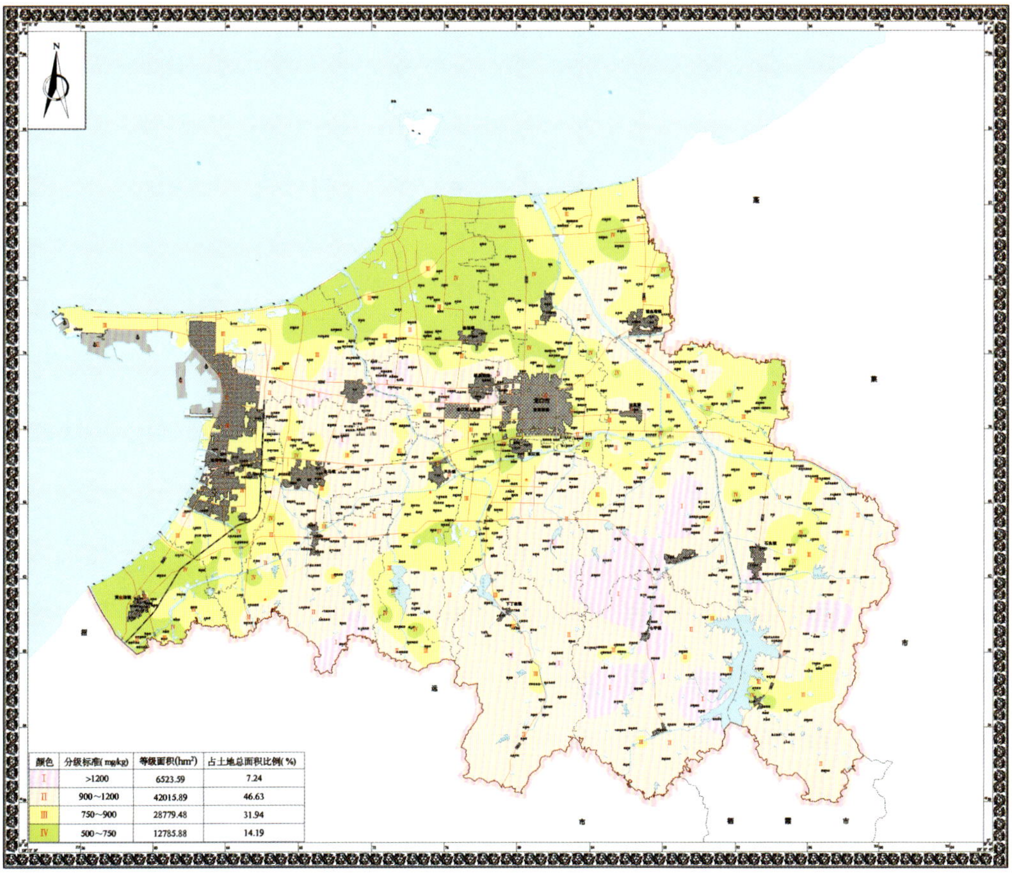

颜色	分级标准(mg/kg)	等级面积(hm^2)	占土地总面积比例(%)
Ⅰ	>1200	6523.59	7.24
Ⅱ	900～1200	42015.89	46.63
Ⅲ	750～900	28779.48	31.94
Ⅳ	500～750	12785.88	14.19

1954年北京坐标系 1956年黄海高程系　　比例尺1:425000　　山东天地亚太国土遥感有限公司
山东农业大学资源与环境学院　二〇一一年十月

龙口市土壤交换性钙含量分布图

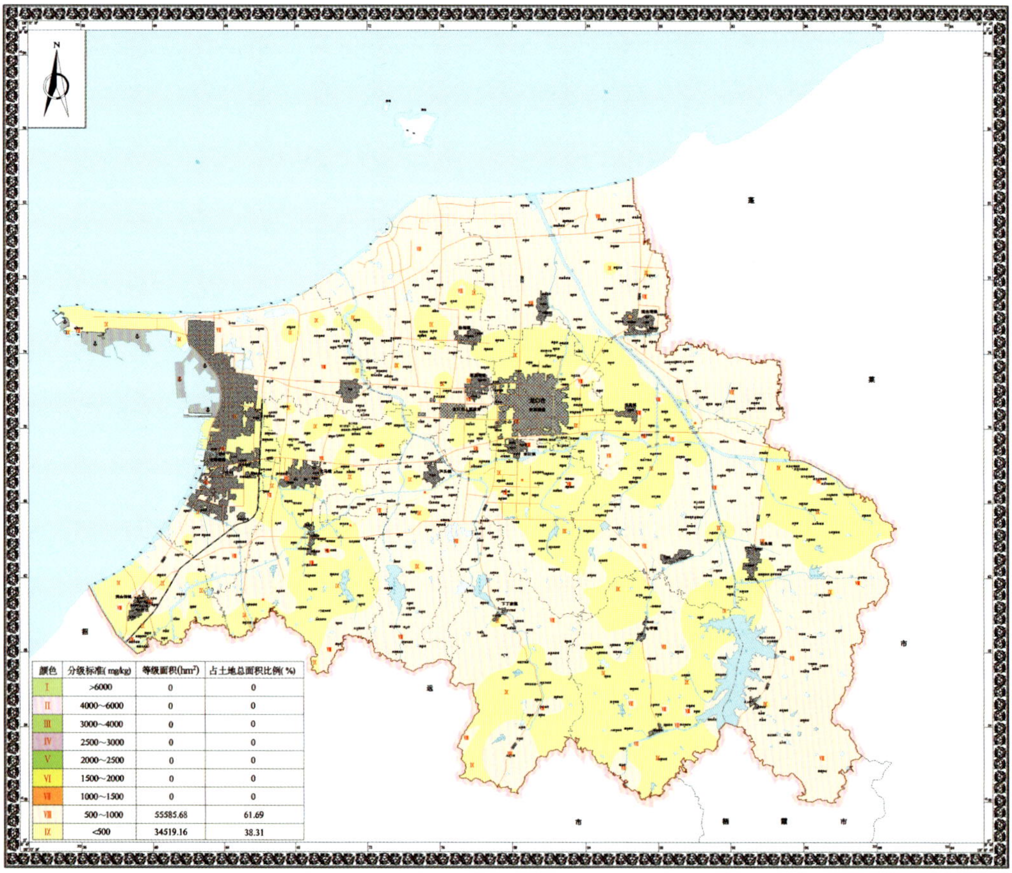

颜色	分级标准(mg/kg)	等级面积(hm^2)	占土地总面积比例(%)
Ⅰ	>6000	0	0
Ⅱ	4000~6000	0	0
Ⅲ	3000~4000	0	0
Ⅳ	2500~3000	0	0
Ⅴ	2000~2500	0	0
Ⅵ	1500~2000	0	0
Ⅶ	1000~1500	0	0
Ⅷ	500~1000	55585.68	61.69
Ⅸ	<500	34519.16	38.31

1954年北京坐标系 1956年黄海高程系

比例尺1:425000

山东天地亚太国土遥感有限公司
山东农业大学资源与环境学院 二〇一一年十月

龙口市土壤交换性镁含量分布图

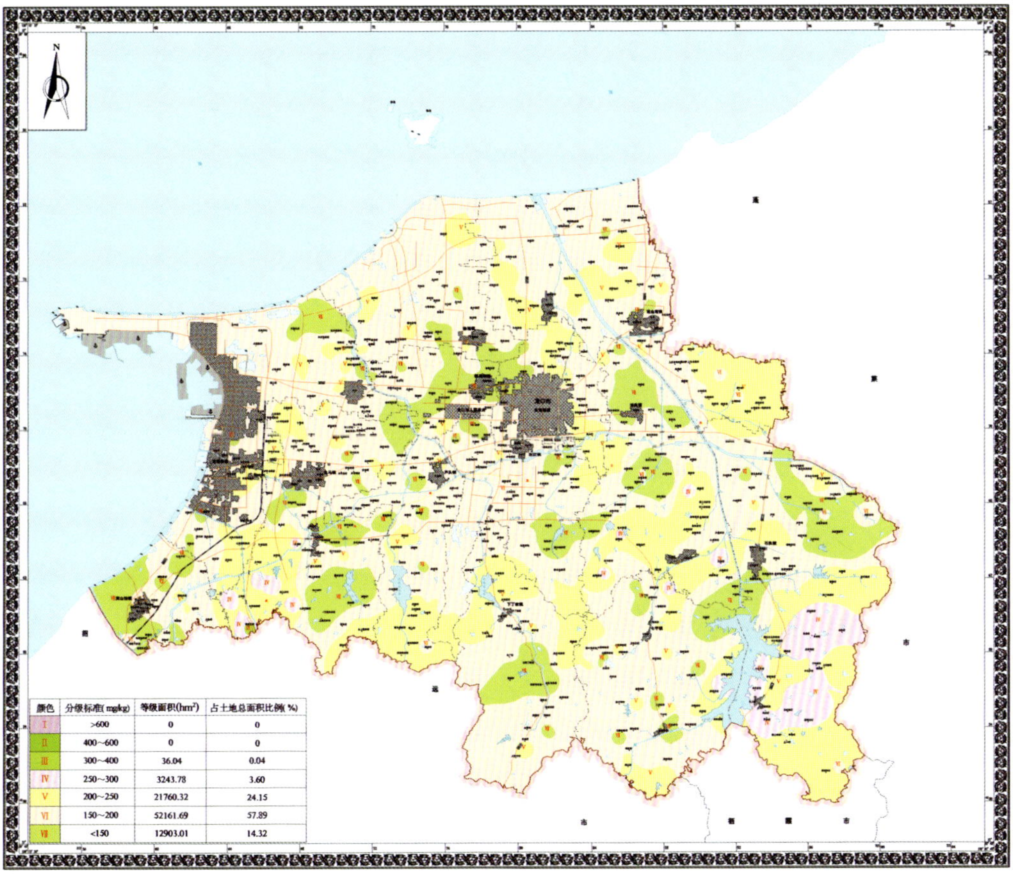

颜色	分级标准(mg/kg)	等级面积(hm²)	占土地总面积比例(%)
Ⅰ	>600	0	0
Ⅱ	400~600	0	0
Ⅲ	300~400	36.04	0.04
Ⅳ	250~300	3243.78	3.60
Ⅴ	200~250	21760.32	24.15
Ⅵ	150~200	52161.69	57.89
Ⅶ	<150	12903.01	14.32

1954年北京坐标系 1956年黄海高程系　　比例尺1:425000　　山东天地亚太国土遥感有限公司 山东农业大学资源与环境学院 二○一一年十月

龙口市土壤有效硫含量分布图

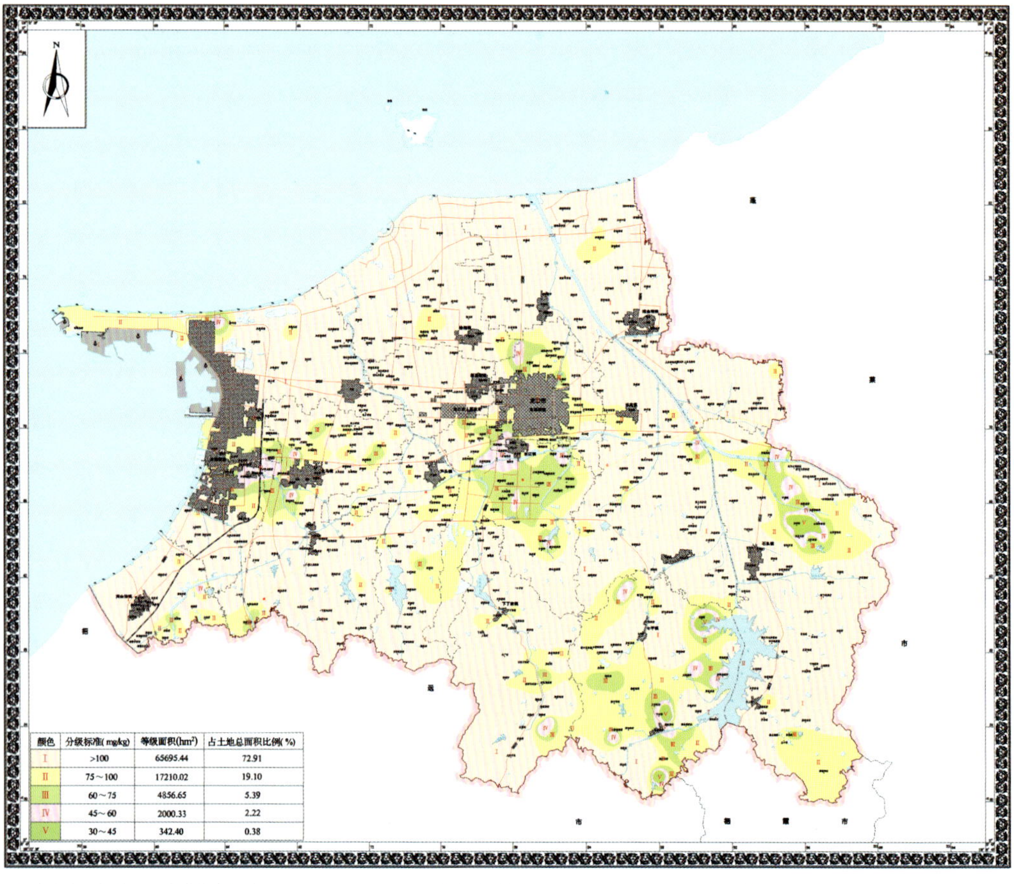

1954年北京坐标系 1956年黄海高程系　　比例尺1:425000　　山东天地亚太国土遥感有限公司 山东农业大学资源与环境学院 二○一一年十月

龙口市土壤有效铁含量分布图

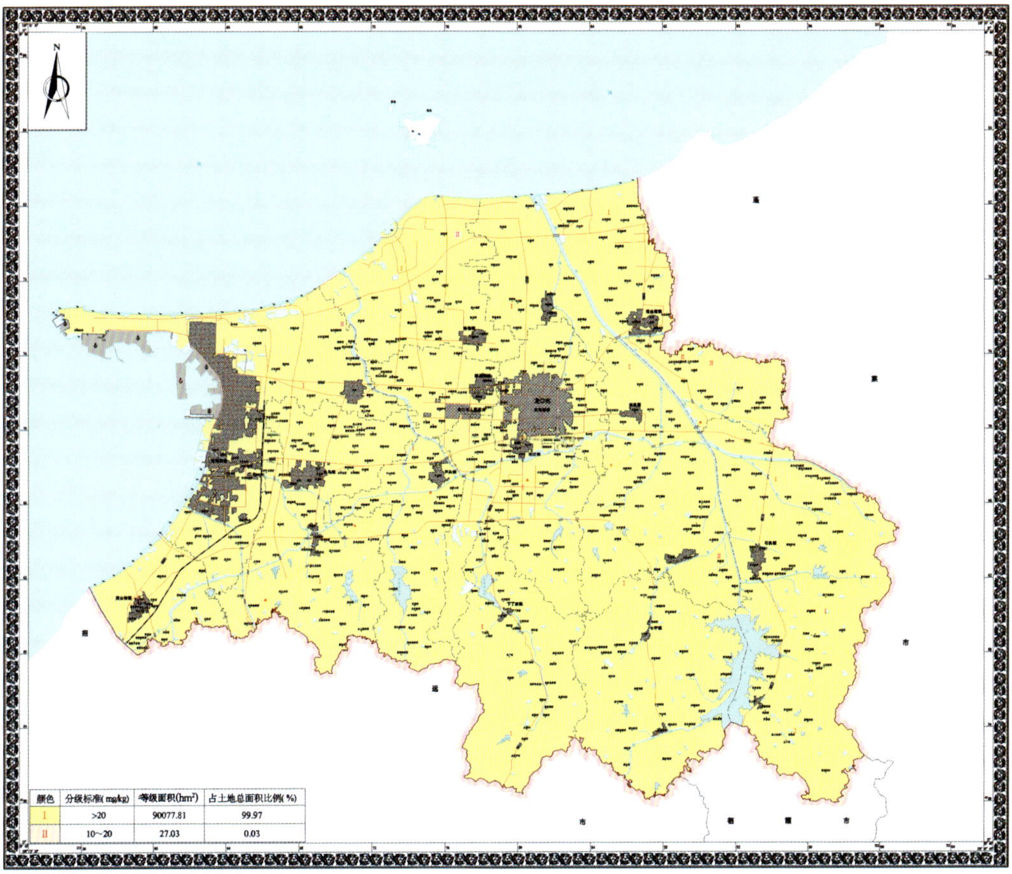

1954年北京坐标系 1956年黄海高程系

比例尺1:425000

山东天地亚太国土遥感有限公司
山东农业大学资源与环境学院
二〇一一年十月

龙口市土壤有效锰含量分布图

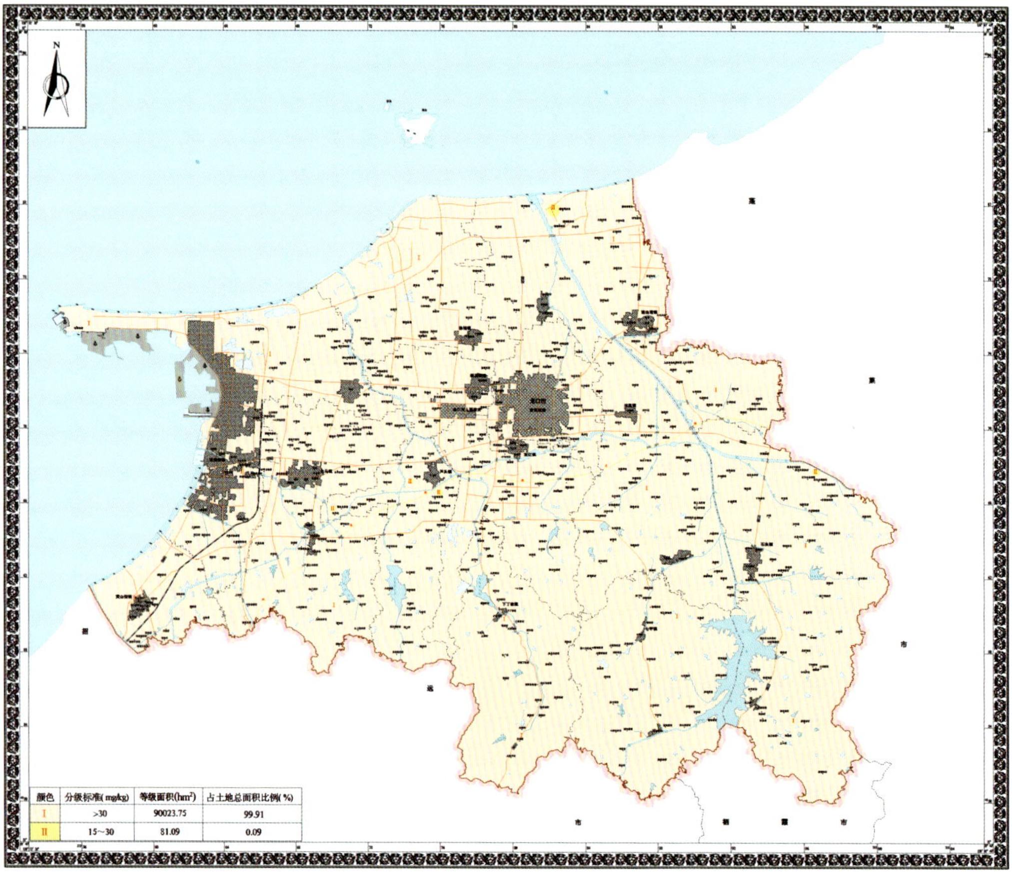

颜色	分级标准(mg/kg)	等级面积(hm^2)	占土地总面积比例(%)
Ⅰ	>30	90023.75	99.91
Ⅱ	15~30	81.09	0.09

1954年北京坐标系 1956年黄海高程系　　比例尺1:425000　　山东天地亚太国土遥感有限公司 山东农业大学资源与环境学院 二〇一一年十月

龙口市土壤有效铜含量分布图

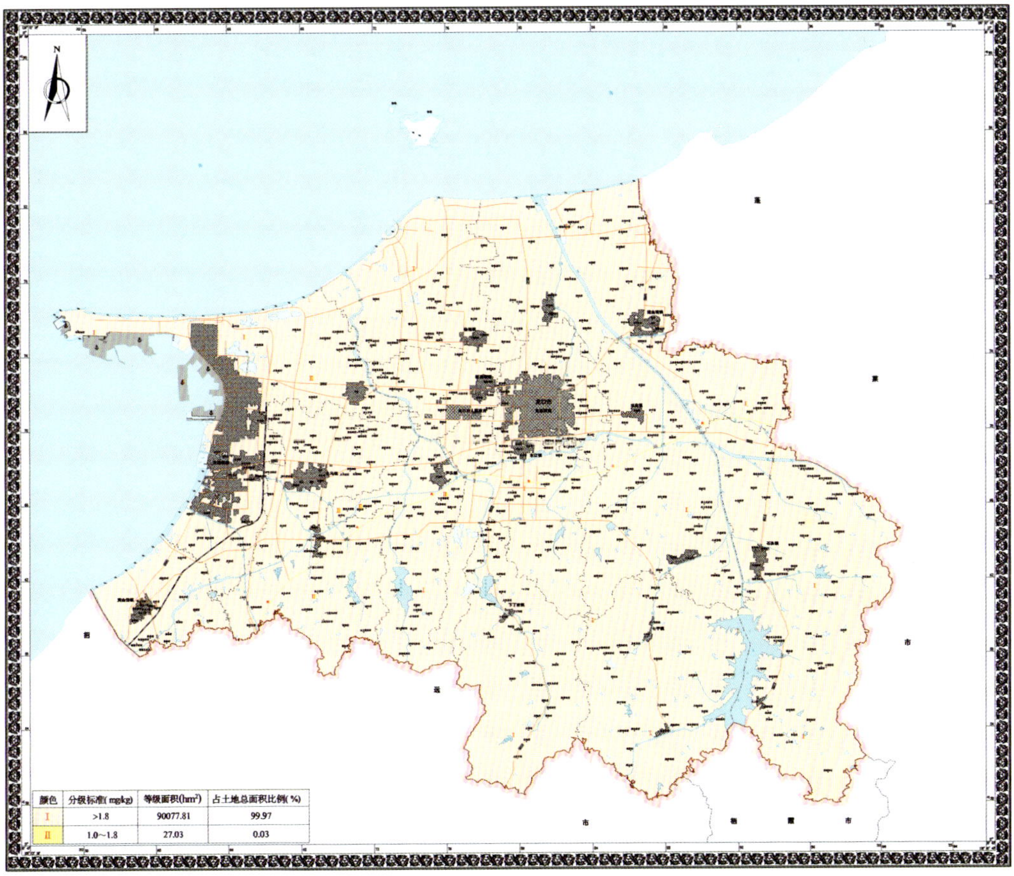

1954年北京坐标系 1956年黄海高程系

比例尺1:425000

山东天地亚太国土遥感有限公司
山东农业大学资源与环境学院
二〇一一年

龙口市土壤有效锌含量分布

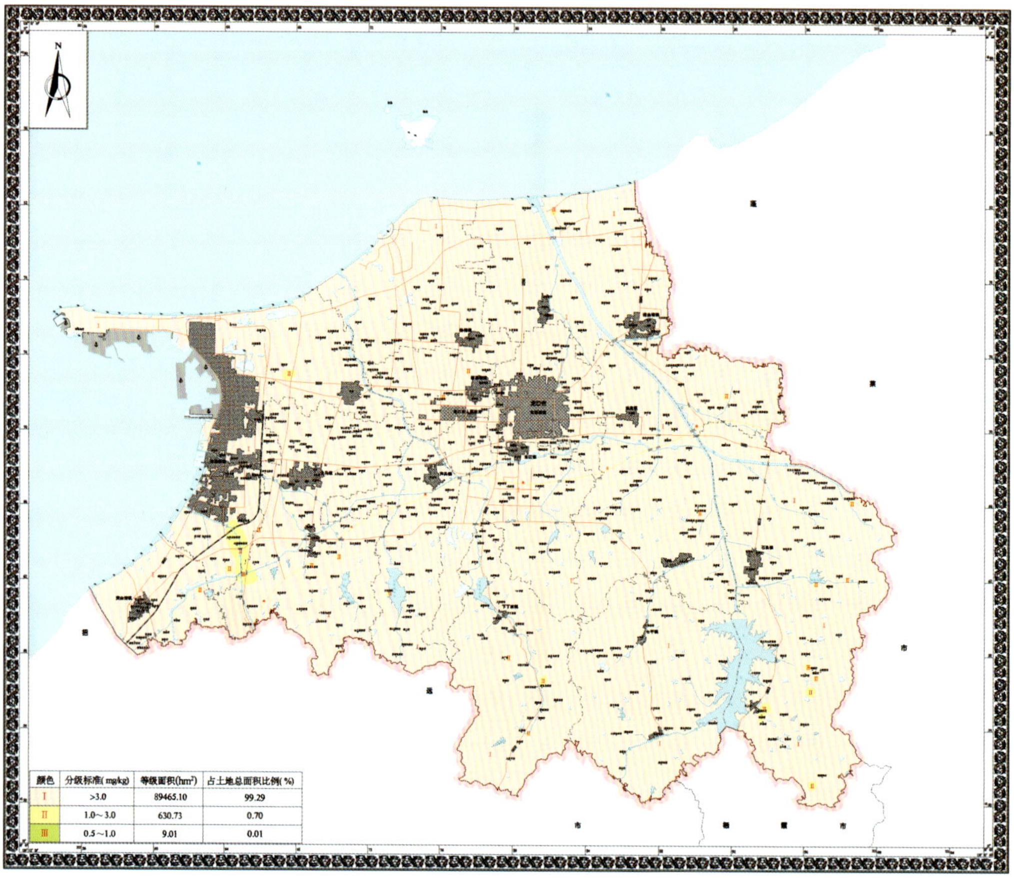

颜色	分级标准(mg/kg)	等级面积(hm^2)	占土地总面积比例(%)
Ⅰ	>3.0	89465.10	99.29
Ⅱ	1.0～3.0	630.73	0.70
Ⅲ	0.5～1.0	9.01	0.01

1954年北京坐标系 1956年黄海高程系　　比例尺1:425000　　山东天地亚太国土遥感有限公司　山东农业大学资源与环境学院　二〇一一年十月

龙口市土壤有效硼含量分布图

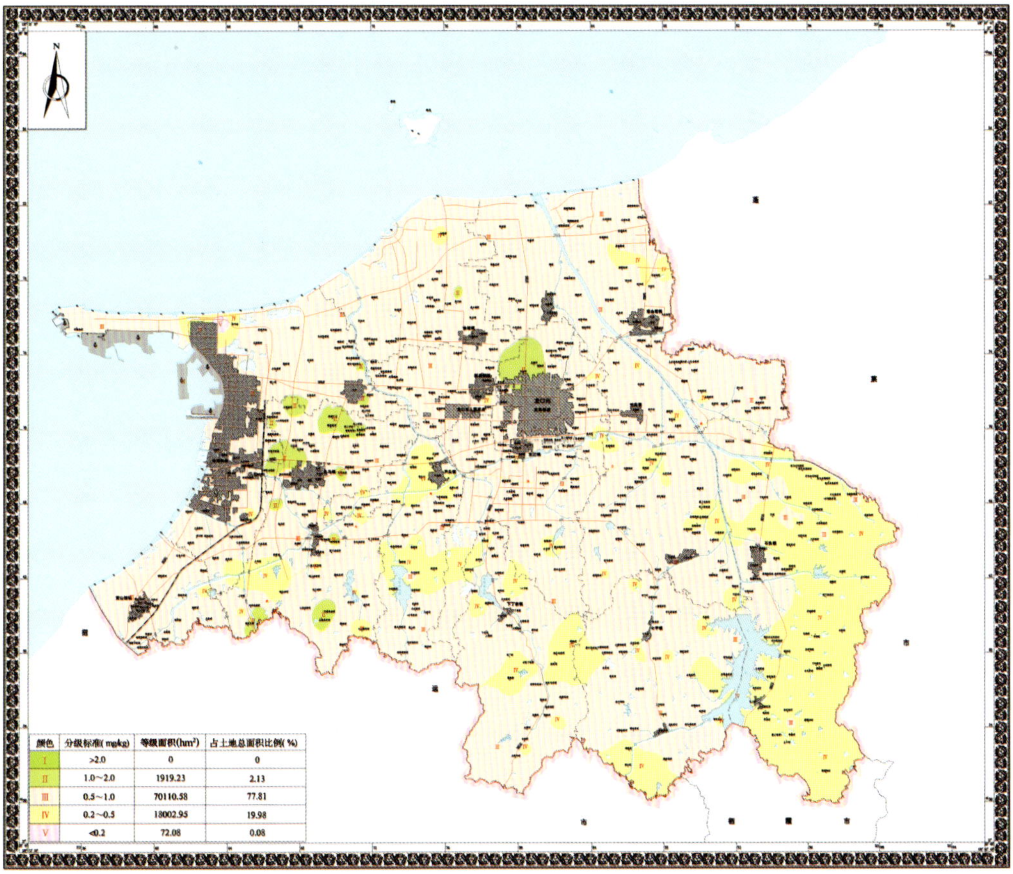

1954年北京坐标系 1956年黄海高程系　　比例尺1:425000　　山东天地亚太国土遥感有限公司 山东农业大学资源与环境学院　二〇一一年十月

龙口市土壤有效钼含量分布图

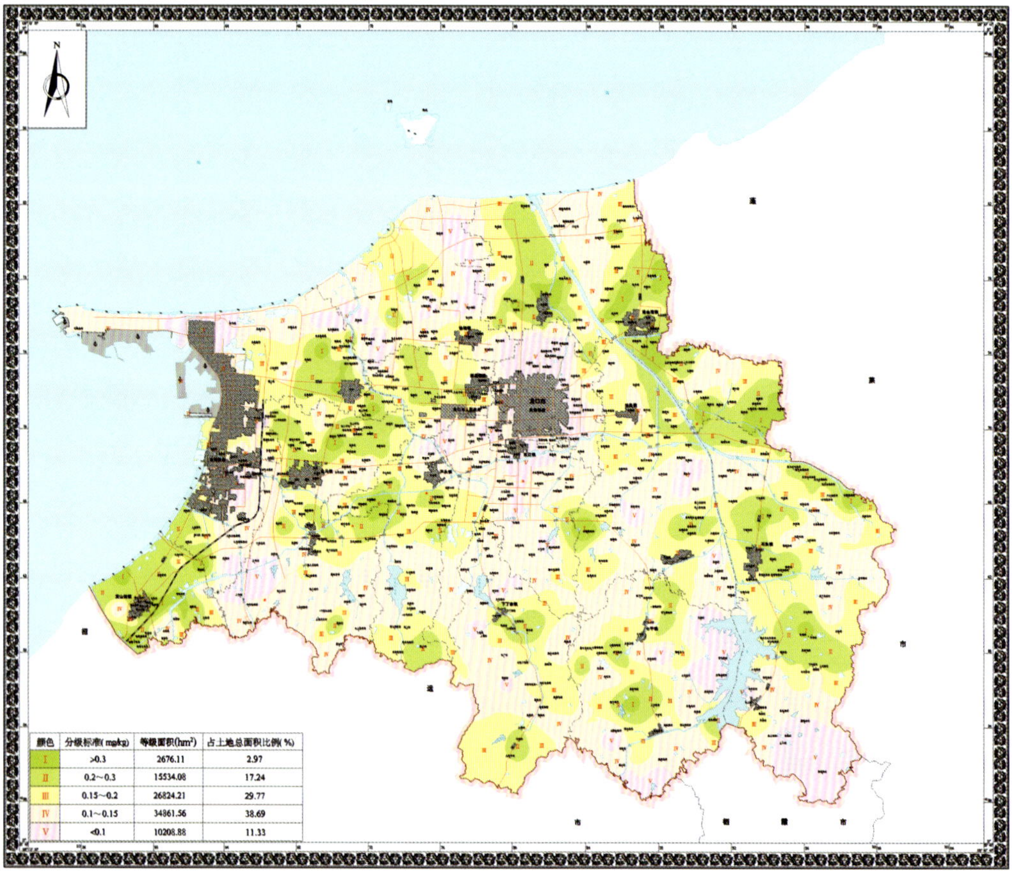

颜色	分级标准(mg/kg)	等级面积(hm^2)	占土地总面积比例(%)
Ⅰ	>0.3	2676.11	2.97
Ⅱ	0.2～0.3	15534.08	17.24
Ⅲ	0.15～0.2	26824.21	29.77
Ⅳ	0.1～0.15	34861.56	38.69
Ⅴ	<0.1	10208.88	11.33

1954年北京坐标系 1956年黄海高程系　　比例尺1:425000　　山东天地亚太国土遥感有限公司 山东农业大学资源与环境学院 二〇一一年十月

主要参考文献

[1]山东省土壤肥料工作站.山东土壤,北京:中国农业出版社,1994

[2]山东省土壤肥料工作站.山东土种志,北京:中国农业出版社,1993

[3]张福锁.测土配方施肥技术要揽.北京:中国农业大学出版社,2006

[4]全国农业技术推广服务中心.土壤肥料检测指南.北京:中国农业出版社,2007

[5]烟台市土壤普查办公室.烟台市土壤(内部资料),1987

[6]龙口市统计局.龙口统计年鉴(内部资料),1949~2010

[7]龙口市国土资源局.土地利用现状表(内部资料),2010

[8]龙口市水务局.水利资料(内部资料),2010

[9]龙口市气象局.历年气象资料(内部资料),2010

[10]龙口市农机局.龙口农机资料(内部资料),2010

[11]龙口市民政局.龙口市行政区划(内部资料),2008

[12]龙口市土壤普查办公室.黄县土壤普查资料汇编(内部资料),1986